闪击波兰

北京联合出版公司
Beijing United Publishing Co.,Ltd.

原著◎［波兰］博尔克曼·博佩尔　编译◎方　政

图书在版编目 (CIP) 数据

闪击波兰 / 原著：［波兰］博尔克曼·博佩尔；编译：方政.
– 北京：北京联合出版公司，2004.6（2021.3 重印）
（二战经典战役全记录） ISBN 978-7-80600-891-1
Ⅰ.闪… Ⅱ.博… Ⅲ.德国闪击波兰 (1939) – 史料
Ⅳ.E195.2

中国版本图书馆 CIP 数据核字 (2004) 第 029926 号

二战经典战役全记录

闪击波兰

THE ATTACK ON POLAND

原　著 /［波兰］博尔克曼·博佩尔
图　片 / 由 gettyimages 授权出版
编　译 / 方　政
责任编辑 / 箫　笛
出版发行 / 北京联合出版公司出版
（地址：北京市西城区德外大街 83 号楼 9 层　邮编：100088）
印　刷 / 三河市兴国印务有限公司
开　本 / 710×1000mm　1/16
字　数 / 262 千字
印　张 / 19
版　次 / 2004 年 6 月第 1 版　2021 年 3 月第 7 次印刷
书　号 / ISBN 978-7-80600-891-1
定　价 / 56.00 元

目 录
CONTENTS

引 言 / 1

第 1 章　重返大国之路 / 5

当战胜的协约国在1919年创造发疯的凡尔赛和约时,他们也创造了希特勒。1918年,德国相信了美国总统威尔逊的"十四点意见","光荣地"放下了武器。协约国把"十四点意见"看作一纸空文,草拟了一份条约,瓜分了德国,造成了一个欧洲的政治经济疯人院。

☆ 发疯的凡尔赛和约 / 7
☆ 德意志开始恢复元气 / 16
☆ 擎起铁⊗字大旗 / 20
☆ 重返大国 / 34

第 2 章　帝国扩张 / 41

早在1931年秋,希特勒就曾说过:"如果我现在掌权的话,就把陆军部长叫过来,问他:'全面武装要花多少钱?'如果他要求200亿、400亿、600亿甚至1,000亿,他一定会得到。那时人们就武装、武装、武装,直到武装就绪!"

☆ 要大炮不要黄油 / 43
☆ 秃鹰军团在行动 / 52
☆ 为和平而消失的国家 / 58
☆ 希特勒高举魔刀 / 67

第 3 章　鹰的攻击 / 85

"到9月3日,我们对敌人已经形成了合围之势——当前的敌军都被包围在希维兹以北和格劳顿兹以西的森林地区里面。波兰的骑兵,因为不懂得我们坦克的性能,结果遭到了极大的损失。有一个波兰炮兵团正向维斯托拉方向行动,途中为我们的坦克所追上,全部被歼灭,只有两门炮有过发射的机会。"

☆ "一号作战指令" / 87
☆ 闪击！闪击！ / 91
☆ "开始北京行动" / 100
☆ 坦克，向波兰推进 / 104

第 4 章　羔羊的抵抗 / 119

"我们与装甲兵侦察连一起行动，边境上只有一个海关官员在防守。当我们的一个士兵走近他时，这个吓得半死的人打开了国界栅栏。我们没有遇到任何抵抗，就这样踏进了波兰国土。方圆数里，看不到一个波兰士兵的影子。尽管他们可能一直在为德国'入侵'做准备。"

☆ 波兰人的"西方计划" / 121
☆ 波兰的抵抗 / 128
☆ 惟一的希望 / 139

第 5 章　奇怪的战争 / 143

"今天是我们大家最感到痛心的日子，但是没有一个人会比我更为痛心。在我担任公职的一生中，我所信仰的一切，我所为之工作的一切，都已毁于一旦。现在我惟一能做的就是：鞠躬尽瘁，使我们必须付出重大代价的事业取得胜利……我相信，我会活着看到希特勒主义归于毁灭和欧洲重新获得解放的一天。"

☆ 宣　战 / 145
☆ 迟到的最后通牒 / 150
☆ 静坐战争 / 157
☆ "雅典娜"号的沉没 / 169

第 6 章　熊羊鹰的较量 / 177

"值得注意的是，当战争已成过去之后，那些老百姓从躲避的地方又都钻了出来，他们看到希特勒坐车经过，居然向他欢呼，并且还向他献花。希维兹镇上也都悬挂了我们的国旗。希特勒的访问战地对于前线部队而言是能产生良好的印象。不幸的是，当战争打下去之后，希特勒亲临前线的机会也愈来愈小；而到了战争的末期，简直就不再去了。因此他和部队完全丧失了接触，从此，他对于他们的成就和痛苦也再不能够了解。"

☆ 火车上的办公室 / 179
☆ 波兰永远不会灭亡！ / 189
☆ 熊的背后一掌 / 192
☆ 未解之谜 / 202

第 7 章　第四次瓜分波兰 / 211

"昨天，一切都按计划进行。飞往柏林，飞往华沙，在那里进行谈话视察，又飞回柏林，在帝国总理府汇报，在元首餐桌上吃饭。华沙满目疮痍，几乎没有一个建筑物不受到破坏，没有一块完整的玻璃，人们一定遭受到很大痛苦。七天来一直没有水，没有吃的……市长估计有 4 万人死亡或受伤……除此之外，一切都很平静。我们来了，他们的折磨了结了，人们也许得到了援救。"

☆　华沙的沦陷 / 213
☆　熊与鹰分享猎物 / 228
☆　波兰政府在流亡 / 233

第 8 章　闪击战 / 241

"我们已经看见了现代闪击战的一个完整的标本；看见了陆军与空军在战场上的密切配合；看见了对于一切交通线及任何可以成为目标的城镇所进行的猛烈轰炸；看见了活跃的第五纵队的身手；看见了间谍和伞兵队的任意使用。最重要的是，看见了大批装甲部队势不可挡地向前冲锋陷阵。"

☆　"恐怖"的代名词 / 243
☆　协同作战 / 253
☆　闪击战的理论 / 264

第 9 章　德波战后 / 273

"没有任何条约或者协定能够有把握地保证苏联永远保持中立。目前，一切情况都不利于苏联放弃中立。但过了八个月、一年、乃至于几年，这种局面就可能会改变。近年来，各方面的情形都说明条约的不足凭信。防御苏联进攻的最好办法，就是及时地显示德国的力量。"

☆　波兰失败的原因 / 275
☆　血雨腥风 / 280
☆　和平攻势 / 287

FULL RECORDS OF CLASSIC CAMPAIGNS IN WORLD WAR II

引 言　PREFACE

1939年9月1日凌晨4时40分,德国空军开始轰炸波兰本土。仅过了5分钟之后,德国的地面部队即越过德波边界而向波兰境内挺进,而与此同时,在清晨的薄雾中,一艘德国旧式战列舰开始炮轰位于韦斯特普拉特的波兰要塞。

于是,第二次世界大战在欧洲爆发了。

这是人类进入20世纪后的第二次大规模的世界战争,其规模及造成的伤害程度远远超过了第一次世界大战,这是全世界的空前灾难,这是人类历史上"不容忘却的真正痛处"。

从第一次世界大战结束到第二次世界大战爆发,二者相隔不超过20年的时间,为什么人们没有从刚刚结束的那场浩劫中汲取足够的经验呢?难道在大战爆发前人们就不能采取一些措施来防止大战的爆发吗?

或许本书的前几章能对此做一个简单的解答,在这几章里,一战后对战败国进行处置的几个国家,他们所做的,极大地伤害了战败国人民的自尊,而在战后经济危机的打击下,这种伤害极容易被当地的独裁统治者加以利用,他们要做的,仅是为本国人民的愤怒树立一个合适的标靶,并将其说成是一切罪恶的根源。

THE ATTACK ON
POLAND 二战经典战役全记录
闪击波兰

  而在战胜国方面，他们对此开始并不十分在意，他们那时注意的是战败国是否还在履行他们曾经签署的协议，是否还在偿付他们要求的赔款，而当战败国的极权力量发展到一定程度并开始威胁到自身利益后，他们想的并不是马上扑灭这股力量，而是如何将其引向自己的敌人，或是如何给这个刚刚成长起来的坏孩子找一个足够大的玩具，只要他能够停止哭闹，哪怕他把到手的洋娃娃扯碎了也在所不惜。他们实在是太害怕战争了，因而他们愿意为保持和平付出更多更多的代价——特别是当这些代价是由别人来代为付出时。

  寻觅第二次世界大战的爆发过程，不难看出，这次战争的爆发是一个渐进的过程，从希特勒登上政治舞台到他掌握德国大权，从他入侵捷克到他出兵波兰，在每一个环节上，几乎都是一次冒险。很多次，只要同时的当事人能够说一个"不"字，或者仅是能够一声不响地站在天平的另一侧，人类的命运就会从此被改写，而这只能是一个推想。历史的残酷之处即在于：它以或动或静的姿态出现在人们面前，但后来的人们却永远不能改变什么，被污辱与被损害的人们的嘶喊将永远在历史的长廊里回响。

  而在本书的其他几章里，我们把对战争的注意力聚集在波兰这个个案上，可以发现有很多值得我们反思的东西。这个多灾多难的国家在历史上被其强邻瓜分过数次，而他们每次复国的过程都是艰辛而痛苦的。在这次德波战争中，给人留下深刻印象的不仅有华沙最后沦陷前军民的拼死抵抗，更有在战前领导人对于国际局势的大意与疏忽。在战争中，这个政府匆匆逃离了他的人民，而沦为流亡政府，而在战斗的过程中，波兰勇敢的骑兵曾经用步枪与长矛去对付敌军的坦克与装甲车，这在现代战争史上不能不说是悲壮而惨烈的一幕，波兰的骑兵用自己的生命捍卫了自己作为一个军人的荣誉与尊严，但未能用生命换来国家的自由与安全，他们像被猎狗追赶的兔子一样遭到捕杀。华沙的居民曾经盯着天空猜测德国的轰炸机到底会不会来，因为每次空袭警报都会变成一部分人离开这个世界之前听到的最后乐音，而他们的防空力量对德国的俯冲式轰炸机根本就无可奈何。

而切换到德国这个角度，德国人民在纳粹和希特勒的诱导下，一直相信他们所从事的是一次反对入侵者的战争，正是他们的元首给他们的生活带来了新的希望。在德波战争的进行中，德国的入侵行径是可耻的，随之而来的对当地居民进行的屠杀也令人发指，而他们所使用的机械是先进的，他们所采取的战术让当时的整个世界眼花缭乱。当古德里安率领他的装甲部队入侵波兰并向纵深挺进时，一种名叫"闪击战"的战术从理论变成了实践，这种新的战术给当时和以后的战争带来的影响是冲击波式的，人们再也无法想像军队像从前那样互相举着毛瑟枪直挺挺地站着对射，直到一方的人全部倒下，或者是双方全部倒下。人们在战争中越来越注重新技术、新武器的应用，战争也越来越讲求发动的突然性和打击的准确性，这一切，都与德国发动的这次战争有关。

第 1 章

CHAPTER ONE

重返大国之路

当战胜的协约国在1919年创造发疯的凡尔赛和约时,他们也创造了希特勒。1918年,德国相信了美国总统威尔逊的"十四点意见","光荣地"放下了武器。协约国把"十四点意见"看作一纸空文,草拟了一份条约,瓜分了德国,造成了一个欧洲的政治经济疯人院。

☆ 发疯的凡尔赛和约

从1919年1月18日到1919年6月28日，第一次世界大战战胜国在巴黎召开会议，与战败国分别签订合约，建立国际联盟，后又举行华盛顿会议，构筑了所谓的凡尔赛－华盛顿体系。

1919年6月28日，《协约及参战各国对德和约》的签字仪式在凡尔赛宫镜厅举行。在此之前，战胜国曾为建立国际联盟的事情争吵不休，几乎对每一条条款都进行了激烈的争执。美国总统威尔逊、英国首相劳合·乔治、法国总理克里孟梭都先后以将退出和会的做法来威胁对方，而在对战败国的瓜分与削弱上，他们却有着共同的利益。

走在最前面的是法国。法德是世仇，前有1870年普法战争战败的耻辱，后有一战中法国作为主战场受到的重创，所以法国人试图在谈判桌上将德国肢解，并最大限度地压榨德国。他们不仅提出了在莱茵河左岸划定不设防地，而且还坚持夺取盛产铁煤的阿尔萨斯和洛林。出于对法国会过于强大的担心，英美不赞成过分削弱德国，但在瓜分和掠夺这一点上，他们没有任何异议。

整个对德合约的草拟和讨论过程都是在排除德国政府参与的情况下进行的。1919年5月7日，和会主席克里孟梭将和约文本交给德方，在进行了一系列争论后，6月17日，和会将和约最后文本交给了德国。在照会里，克里孟梭提到："今天这一条约文本，要么完全接受，要么完全拒绝。"要求在5天（后改为7天）内答复，如到期还未答复，各国将宣布停战终止，并"采取它们认为有利于强制执行和约有关条款的步骤"。为此，协约国集结了39个师，授权在"停战终止时，立即开始前进"。

当天，凡尔赛和约在柏林一经公布，便引起了极大的反感。条约极大地刺伤了德意志民族的自尊心，激起了德国人的愤怒。德国临时政府总统艾伯特声称："和约条款是不能实现和不能负担的。"总理谢德曼在一次演讲中谴责协约国把德国置于奴隶地位，并发誓说："谁要是签署这样的条约，谁的手指就会烂掉！"

各地纷纷举行群众集会，全国还举行了"国民哀悼周"，以示抗议，坚决要求政府不要在"凡尔赛和约"上签字。

德国国家内阁集体辞职，组成新政府，新政府提出的任何保留意见都遭到了协约国的拒绝。直到停战期限终止前1小时30分，德国才宣布无条件接受和约。

1919年6月28日，新上任的外交部长缪勒代表走投无路的德国政府在凡尔赛宫的镜厅签署了和约。就是在这个镜厅，48年前，在普法战争中胜利的普鲁士国王威廉一世宣布了德意志帝国的成立，法国选择在这个地方签署和约，意在雪洗国耻。

刚刚签署完和约的缪勒在接下来的谈话中马上声明，德国签署这份和约是被迫的，德国认为他在道义上并没有遵守和约的义务。缪勒的声明，并非一份简单的外交辞令，而是在一定程度上反映了德意志民族的自负和反抗。

凡尔赛对德和约共15部分，440条，其主要内容包括：

第一，重新划定德国疆界，阿尔萨斯－洛林归还法国，萨尔煤矿归法国所有，15年后举行全民投票决定其归属。莱茵河右岸50~60公里以内地区划定为非军事区，德国无权设防，左岸则由协约国占领5年等等。（自此，德国领土减少13.5%，人口减少10%强。）

第二，瓜分德国所有海外殖民地，而按委任统治制交由英、法、比、日管理，限制德国军备，废除其普遍义务兵役制，陆军不得超过10万人，海军兵员不得超过1.5万人，禁止生产和输入坦克、装甲车和其他重型武器，禁止拥有潜艇及军用飞机，并规定德国拥有军舰的最多限额。

第三，规定赔偿原则和附加的经济条款。和约规定德国应赔偿协约国因战争所

▲ 美、英、法、意四国代表正步入凡尔赛宫。
▲ 各国代表在认真翻阅文件。

▲ 1923年1月11日,法、比军队出兵鲁尔。

THE ATTACK ON
POLAND 二战经典战役全记录
闪击波兰

受的一切损失，由协约国赔偿委员会在1921年5月1日以前决定德国在30年内的赔偿总额，在此之前德国应交付协约国50亿美元的赔款。

此外，和约还规定了德国必须交出并归入赔款账内的实物清单。在附加的经济条款中，将德国重要的河流交由国际专门委员会控制，法国可免税向德国出口一定数量货物，而德国出口货物必须付税。对于这一系列的经济制裁，就连协约国自己的经济学家凯恩斯也不得不承认："凡尔赛条约有关经济的条文的内容是包罗万象的，对可以使德国目前陷于穷困或者可以阻挠德国将来发展的措施，几乎都不曾忽略。"

凡尔赛－华盛顿体系的建立，是按照战胜国的意志对战败国，特别是德国，进行的领土瓜分和划定势力范围，它的目的在于，在新的国际力量对比的基础上确定战后的国际关系格局，稳定资本主义世界的统治秩序，缓和各国危机。但是，因为在资本主义世界内部有着重重不可调和的矛盾，所以凡尔赛－华盛顿体系不会也不可能保障帝国主义的长治久安，更不会消除帝国主义的全面危机，它所掩盖的矛盾必将以新的形式表现并发展出来，进而引起新的战争。

而最具标志性的事件就是鲁尔事件。

1923年1月11日，法国伙同比利时同时出兵鲁尔，占领了几乎包括德国工业心脏地区的整个鲁尔盆地，这一时期德法矛盾以及英美与法国的矛盾迅速激化。

法国此次出兵，是以德国未能履行赔偿义务为借口的。

1921年1月，协约国向德国提出赔偿方案，在42年内偿付总共2260亿金马克的固定赔偿，及每年交付年出口值12%的不固定赔偿，被德国政府拒绝。协约国于当年3月8日占领杜塞尔多夫等鲁尔地区3个城镇，实施制裁。

4月27日，协约国赔偿委员会规定赔偿总额为1320亿金马克，分为每年支付20亿金马克的固定赔偿和交付每年出口值的26%的不定赔偿。兵临城下的德国被迫接受，但在支付了1921年的赔款后因财政困难而要求延缓偿付。

到了1922年，马克汇率大幅度下降，国内经济发展缓慢，至同年8月，与英镑比价降至1921年5月的5%。英国建议将赔偿金额减为500亿马克，延期四年支付，而法比则反对削减，只同意延期两年。由此，法军出动了3个师，协同比利时一支部队，以德国不履行赔款为由，出兵鲁尔。

法国出兵鲁尔，引起德国极大的愤慨，德国政府当即提出严重抗议，后又鼓励鲁尔的当地居民开始"消极抵抗"运动。政府禁止居民向占领当局纳税，禁止与占领者进行贸易，当地居民也拒绝与占领者合作，拒不服从占领当局的任何命令。反抗法比的活动层出不穷，少数还发展成了流血冲突。在复活节这天，一队法国士兵闯入了当时的军火商克虏伯的一家仓库里，要求清查那里的所有车辆。工人拉响了厂里的警报器，人们从各个角落里蜂拥而来同法军对抗。工厂的主人克虏伯正呆在他的办公室里，但他不愿驱散愤怒的人群。法军被工人团团包围，于是就在他们占领的大楼门口架起了一挺机枪。这时，几个克虏伯工厂的工人爬上房顶，打开了蒸汽阀门，楼内顿时蒸汽腾腾，乱作一团的法军向人群开火，当场打死13人，伤50余人。后来这些死者被德国誉为烈士，由身穿行会礼服的克虏伯矿工护送厚葬，而军火商克虏伯在被判处15年监禁后只坐了6个月的牢即得到了法方的特赦。

法国出兵鲁尔对德国造成的经济影响是巨大的。德国丧失了钢产量的80%，煤产量的85%，铁路运输和矿山交通的70%，对外贸易恶化，经济陷入崩溃。实行"消极抵抗"的这一年里，近15万德国居民被逐出鲁尔，政府为了支持"消极抵抗"运动耗去了大量资金，马克跌到无异于废币的地步，人民生活遭到了毁灭性的打击。政治危机，社会动荡，使得德国不得不在1924年初取消了"消极抵抗"运动。

而占领者也不好受。占领鲁尔的法比，极力想从当地的煤炭交易和铁路运输中获得最大利益，占领当局直接接管了当地的煤矿，从本国招募工人进行开采，并且直接用万余人的工兵部队经营当地铁路，均因为行事仓促及当地居民的极力抵制而收效不大。

▲ 20世纪20年代早期,一位德国家庭主妇在用不值钱的马克引火。

出兵占领鲁尔，对法比来说，实在是得不偿失。这使其自身在政治上陷入孤立（英美是不主张过分削弱德国的，自然不会支持法比这种占领行为），而法国也未能从这种占领中得到预期的收益。法国从鲁尔的掠夺所得，除去军费开支外，纯收益不过5亿法郎。占领鲁尔导致德国停止支付赔款，而法国在战争赔款中的份额达一半以上。

在国际上，法国的出兵行为使其国际威信大降，并危及其财政信用，法国法郎在国内外金融市场的价值下跌25%，英美大量抛售法郎和有价证券，导致法国财政状况恶化。1924年8月16日，协约国在英国伦敦通过了由美国金融专家查尔斯·道威斯主持起草的新赔偿计划"道威斯计划"。它规定在外国贷款的基础上，按德国的偿付能力重新确定年度赔偿额，恢复赔偿交付，从而结束了法国、比利时对德国的占领。"道威斯计划"从9月1日开始执行，法比军队陆续撤出德国鲁尔地区，到11月18日完全撤出。

鲁尔事件的爆发并非偶然，它深刻反映出战胜各国列强通过各项条约所构筑的所谓的凡尔赛－华盛顿体系的脆弱性。在这次新的利益侵害和势力范围划定中，战后欧洲国际关系又经历了一次重要改组。法国开始丧失其先前的优势地位，美国在处理赔款事宜上的作为，使其在国际事务中更具发言权，而德国开始借助英美的扶持，度过第一次世界大战结束以后最严重的经济、政治和外交危机，逐渐恢复其大国地位。

而更为主要的是，战争结束以来协约国列强对德国经济和政治上的凌辱和掠夺，特别是在《凡尔赛和约》和鲁尔事件中对德国经济和政治上的严重打击，在德国各阶层民众中激起了强烈的反感情绪，同时极端主义思潮迅速泛滥。而这，也正是希特勒和纳粹党在德国能够迅速发展的重要社会思想根源。

德国将给予协约国的，不仅是赔款，更有仇恨。

THE ATTACK ON
POLAND 二战经典战役全记录
闪击波兰

☆ 德意志开始恢复元气

在鲁尔事件之前，协约国曾多次召开会议讨论有关德国的赔款问题。1923年1月2日，协约国在巴黎召开第六次会议继续研究德国的战争赔款问题。签署和约，停止战争是困难的，但是履行合约，对德国对协约国各国，同样也很难。

1921年，在关于赔款的一次会议上，德国政府就曾以"国内赤色革命"为借口，向协约国讨价还价，延缓赔款的时间和金额。在不久前的几个月，在伦敦召开的另一轮关于赔款的会议上，由于各国都心怀鬼胎，互相猜疑推诿，更互不相让，致使那次会议毫无结果，不得不在未形成任何决议的情况下草草收场。

那么这次会议呢？

"我国政府同意德国部分延期赔款，但延缓期限不能超过二年。"在这次会议上还是首先由法国代表发言，作为德国的世仇以及德国赔款的主要受益人，法国不仅担任着协约国赔款委员会的主席，而且一直在赔款问题上卡着德国的喉咙。法国的代表随即表示，如果德国不履行和约所规定的还款金额和期限，协约国将有权对其采取强硬措施，其中包括对德国的部分地区进行军事占领。

英国首相鲍纳·劳刚刚在国内上任不久，也出席了这次会议，并在这次会议上提出了与法国不同的观点，这着实让法国人懊恼：

> 对于德国偿付战争赔款问题，协约国已开会讨论多次，结果都不太令人满意。在德国延期偿付赔款问题上，我们应提出一个比较可行的方案。因此，我建议，德国延期缴付赔款的期限为4年，并且免除赔偿义务，也不必提交任何担保品。

▲ 希特勒在威廉姆斯港参观战列舰,陪同的有海军上将雷德尔(左),后面是时任国防部长的冯·勃洛姆贝格将军。

另外,英国首相还提出了几项新措施:建议成立包括协约国、美国、德国和一个中立国在内的国际专家委员会,对德国的财政实施监督,建议对战胜国各国所得赔款的比例进行一次重新论证,并且提议将法国所得赔款的分配比例由52%削减到42%。英国之所以这样提议,表明了英国对于法国称霸势头的忧虑,同时也动摇了法国在赔款委员会里的领导地位。

此言一出,立刻引起了法国代表的强烈反对,而且反对的不仅仅是法国代表,还有意大利、比利时代表,各方分别表明自己的观点。经过一番唇枪舌剑的争论,会议最后还是无果而终。很显然,这时的协约国已经不再像制定凡尔赛条约时那样容易达成妥协。

THE ATTACK ON
POLAND 二战经典战役全记录
闪击波兰

正当会后的德国为此次会议的无果而终暗自庆幸之时，法国和比利时为了索取赔款，不惜动用了武力，联合出兵10万占领了鲁尔地区，德国政府对此采取"消极抵抗"，这些上文已经提到。

鲁尔事件直到道威斯计划提出才出现了转机。

1923年11月，协约国赔款委员会做出决定，成立包括美国、英国、法国、意大利和比利时在内的由各国代表组成的两个专家委员会，第一委员会负责研究有关平衡德国预算和保证通货稳定的方法，第二委员会则负责确定已经流往国外的德国资金数额以及寻求追回这些资金的途径。

查尔斯·道威斯准将曾在一战中主持美军在欧洲的军需工作，立有一定战功。停战后，他担任了美国芝加哥摩根财团的第一银行董事长。这个在一战中并不显眼的准将这次引起了全世界的注意，他担任了第一委员会主席的职位。

1924年4月9日，道威斯负责的第一委员会经过3个月的艰苦工作，向赔款委员会提出了一份长达200页的报告书，史称"道威斯计划"，这个计划主要包括：

1.法国必须从鲁尔撤退；

2.赔款总额暂时不加以确定，但是1924－1925年度赔款为10亿金马克，以后逐年增加，到第5年起，每年支付25亿金马克；

3.为平衡德国财政，保证赔款的偿付，由美国、英国两国共同给德国提供8亿金马克的贷款；

4.德国赔款来源由关税、运输税、工业利润、铁路利润以及烟、酒、糖、皮革等有保证的税收构成，每年在未偿清赔款前，不准动用上述税收收入。

1924年6月，德国的债权国在英国伦敦召开国际会议，讨论"道威斯计划"。会上，与会各国的分歧还是很大的，由于各国的争论，这场会议马拉松式地开了两个月，然而最终使这场会议达成各方谅解和同意的不是会议争论，而是美国代表团在会议外的精彩斡旋。

一战后，美国没有在战争赔偿方面获得债权，对此美方一直耿耿于怀。虽然美国与德方曾在1921年8月于柏林签订了《德国和美国恢复和平条约》，条约规定德国承诺给予合众国"1921年7月2日合众国国会联合决议案中所规定的一切权利、特权、赔款、赔偿或利益，其中包括凡尔赛条约为合众国的利益而规定的一切权利和利益"，但美国的野心远非如此。

在这次调解赔款事宜中，美国显然打算以自己的外交斡旋挤入国际大国的交际圈子。因而美国人是不甘寂寞的，他们不打算坐等会议结果，而是展开了紧张的外交工作。会议期间，美国国务卿休斯以"美国法律家协会"主席的身份，率领一个由美国人和加拿大人组成的庞大代表团，来到了欧洲。

在巴黎，休斯见到了当时的法国总理普恩加莱和当时法国外长赫里欧。普恩加莱曾经在上一次巴黎赔款问题会议上表达过法国人的强硬态度，于是在这次会晤中，法国开始是持其最初立场的，但是在休斯的几度游说下，法国最后竟做出了种种让步，这确实让休斯大受鼓舞。于是休斯一鼓作气，风尘仆仆地赶到了德国柏林，把法国做出让步的消息告诉了德国人，并且说服德国政府接受了这个"道威斯计划"。

1924年8月中旬，在伦敦召开的审议"道威斯计划"的协约国会议顺利闭幕。到了8月底，德国国会通过并接受了协约国会议的"道威斯计划"。9月1日，"道威斯计划"开始正式执行。

至此，鲁尔事件得到了和平的解决。而更为重要的是，根据"道威斯计划"的约定，大量的外国资本开始涌入德国，这使得德国几近崩溃的经济有了转机，甚至有了复苏的可能。

据统计，从1924年到1929年，德国共得到的国际贷款和投资326亿马克，其中长期的信贷达到108亿马克，短期信贷则有150亿马克，其他投资达68亿马克。

THE ATTACK ON POLAND 闪击波兰
二战经典战役全记录

这一时期德国的全部资产竟然有40%是外国的长期贷款与投资，而这一时期德国用于支付战争赔款的总金额不过95亿马克。

大量国际资本的输入，使得德国衰退的经济乘势恢复并得到了发展。1925年，"道威斯计划"开始执行的第二年，德国的经济便出现了高涨的局面，到1928年，达到了高峰。这一年的工业资本已经超过战前一倍多，电力生产比1913年增加了6倍，汽车产量增加了近6倍，铝的产量增加了31倍，工业总产值中生产资料的比重已经达到了58.5%。到1929年，国民收入已达到了759亿马克，为战前的150%，黄金储备已经达到22.6亿马克，超过战前的一倍多。

终于，德意志这只有气无力的鹰开始恢复元气了。

☆ 擎起铁十字大旗

"法西斯"，原为古罗马长官权力的标志，通常是用红带捆绑的榆木或桦木棍棒，上面插着一柄战斧。后来用"法西斯"一词象征强权、暴力、恐怖统治，也用来指资本主义国家的极端独裁形式。

在第一次世界大战后，帝国主义国家的全面危机没有得到彻底解决，在封建主义和军国主义传统影响较强的几个国家，先后兴起了法西斯思潮和运动。随着全面危机的加深，这一运动向世界各国蔓延，直至20年代初，在国际范围内形成了世界法西斯运动的第一个浪潮，在德国主要表现为复仇主义、扩张主义和反对凡尔赛和约。

德国法西斯势力的兴起有其深刻的社会历史根源。现代德国是在容克贵族的领导下通过战争来完成统一的，这使得德国的社会和政治生活带有更多的封建色彩和军国主义传统。

第一次世界大战后，容克贵族的势力受到打击，软弱的资产阶级建立起魏玛共和国。但是在凡尔赛和约的束缚下，德国存在着复杂的经济、政治和民族矛盾，社会危机四伏，政局动荡不安，软弱的资产阶级无法也根本不能担当起重整河山的重任，而占统治地位的仍然是以容克贵族为首的右翼保守势力。

凡尔赛和约的签署对当时德国社会的影响极为深刻，这个战胜国为惩治战败国并掠夺战败国利益的条约，使德国背负上了沉重的赔偿包袱。大批中小企业破产，失业者成千上万，在德国民众中普遍存在着这样两种心理：一是因为外国势力的压迫而产生的强烈的复仇主义心理和极端的民族主义情绪；一是各阶层民众由于对现状不满而对政府软弱无力的反感和厌恶。正是在这两种心理的交织中，纳粹运动在德国才得以迅速兴起。

1919年1月，慕尼黑机车厂机工安东·德雷克斯勒与报社记者卡尔·哈勒成立了德意志工人党，此即德国纳粹的前身。1919年9月希特勒加入该党，并迅速成为该党主要领导人之一。1919年11月13日，德国工人党举行了第二次集会，一些大学生、小企业主和退伍军人，不惜自费买入场券，到会旁听。希特勒以"德国工人党"第七号委员的身份发表演讲。他提出，"凡尔赛和约"是不人道的，是对德国的罪恶压迫。希特勒的演说极富煽动性，唤起了听众的民族情绪和对"凡尔赛和约"的仇恨。

1920年2月24日，希特勒在他精心组织的两千人大会上宣读并通过了《二十五点纲领》，以后这成为纳粹党的党纲。看看希特勒在这次大会上的表现，或许有助于我们明白为什么有那么多人来参加这次大会，为什么希特勒那么富有煽动性：

> 他穿的是一件老式的蓝色外衣，很破旧。看上去他一点儿也不像演说家。开始时，他讲得很平静，没有什么加重语气的地方。他扼要地讲了近10年来的历史。然而，一旦讲到战后席卷德国的革命时，他的声音便充满了感情。他打着手势，眼睛放射出光芒。愤怒的喊声从大厅的每

▲ 希特勒在慕尼黑啤酒馆对听众发表演说。

THE ATTACK ON
POLAND 二战经典战役全记录
闪击波兰

个角落传来。啤酒味在空中弥漫。用橡皮棍和马鞭武装起来的士兵们——希特勒在军内的支持者——"像猎犬一样迅猛，像牛皮一样坚韧，像克虏伯公司的钢铁一样坚硬"，急忙投身战斗。捣乱者被逐出门外。厅内的秩序有所恢复，但讥笑的喊声仍然不断。希特勒恢复演讲，喊声并未令他目瞪口呆。在曼纳海姆的经历使他习惯了这类捣乱，而他似乎还从里边吸取了力量。他的精神，还有他的话，令听众感到温暖。听众开始鼓掌了，掌声湮没了怪叫声。他严厉谴责当局正在成吨成吨地印刷纸币，指责社会民主党人只会迫害小市民。"如果不姓汉梅尔伯格或伊西多尔巴赫，这样的小市民又有什么办法呢？"这句反犹太人的行话一出，支持者与反对者的喊声几乎旗鼓相当。但是，当他把攻击矛头转向东方犹太人时，掌声便湮没了喊叫声。不少人在喊："打倒犹太人！"

……

最后，他将纲领的25个要点交给了听众，要他们逐条地"判断"。这个纲领几乎对每人都给了一点儿什么——犹太人除外。给爱国者的是全体德国人联合起来，组成一个大帝国，解决人口过剩的办法是殖民地；在世界民族之林中德国应享受平等权利；废除凡尔赛条约；创建一支人民的军队；对犯罪分子进行"无情地斗争"，以加强法律与秩序；给工人的是废除不劳而获；战争利润归公；无偿地没收土地为社会所有；在大型企业内利润分享；给中产阶级的是对大百货商店立即实行社会化，以低廉的租金租赁给小商小贩；给老年人的是"大力提高"全国老年人的健康标准；给有"民族"思想的人是要求将犹太人当外国人对待，剥夺其公开开办办公室的权利。当国家发现无法养活全民时则将他们驱逐出境。对1914年8月2日后移民入境的犹太人，立即驱逐出境。

这或许正是希特勒的高明之处，也是他的阴险之处。他十分巧妙地利用了战后生活日益困窘的德国人民的心理，许以种种甜饵，并将人们仇视的焦点转移到犹太人身上。所以在这份党纲中，希特勒将极端的民族主义与种族主义联系在一起，公开宣扬日耳曼主义和反犹太主义，认为只有日耳曼血统的人才能成为德国公民，而非日耳曼血统的德国人则不仅没有"决定国家领导和法律的权利"，而且无权居住在德国，最终将被清除出未来的日耳曼国家。这样将许多社会弊端进行了转嫁，转移了人们的视线。

除了民族主义，德国法西斯举起的另一面旗帜是社会主义。为了吸引工人和下层群众，发展自己的力量，德国法西斯在其《二十五点纲领》中极力攻击资本主义、托拉斯以及大工业家和大地主，并且宣称将"取缔不劳而获的收入"、"取缔和没收一切靠战争发财的非法所得"，将大百货公司收归国有，租给小商人。纳粹党的这一系列宣传对于当时的中下层群众有很大的吸引力，大批的破产的中间阶层、无业的流亡无产者纷纷加入了纳粹党。

1920年4月1日，希特勒把"德国工人党"改名为"民族社会主义德国工人党"，简称"纳粹党"。前一天，希特勒辞去了他的军职，而将全部精力投入到纳粹党的工作之中，正如他在1918年德国战败后立下的志向：

"我终于看清了我自己的前途，我决定投身政治。"

于是在1920年的夏天，希特勒开始了紧张的工作。为了巩固自己在党内的地位，他不得不在组织上采取了以下措施：

1. 自任第一主席，迫使党的其他领导人接受他提出的要求；
2. 修改党章，宣布"二十五条"为党的正式纲领；
3. 撤销党的委员会。

为了加强对纳粹党的宣传，希特勒在党旗、党徽的设计上花了不少的心思。尽管这位阿道夫先生自小就以绘画惹人注意，也做过当画家的梦，在维也纳的艺术圈

THE ATTACK ON POLAND
闪击波兰 二战经典战役全记录

里浪迹过,并曾经以"建筑画师"自居,但是要设计一个区别于其他党派并能引起别人注意的标志来,也并非易事。

在色彩上,希特勒讨厌老魏玛共和国从前的黑红黄三色旗,而钟情于前帝国的红白黑三色旗,所以纳粹党的党旗的基色即这三种颜色。在图案上,希特勒费尽了脑筋,最后终于选中了"卍"字,这本来是19世纪末、20世纪初一些民族主义团体的标志,不少志愿团部队都把"卍"作为佩带的符号。没过多久,红底白圆心中间嵌一个黑色"卍"字图案的旗帜作为纳粹党的党旗出现在了大大小小的公共场合。

对于纳粹的党旗,希特勒做了如下的解释:

"红色象征我们这个运动的社会意义,白色象征民族主义思想,'卍'字象征争取雅利安人胜利的斗争的使命。"

后来希特勒又使用方形的"卍"字旗作为纳粹的锦旗,上面写有"觉醒吧,德意志!"的字样,所有的纳粹党党员、冲锋队、党卫队的制服上也采用这个"卍"做为臂章。就这样,这个本来代表吉祥,勇敢的标志,日益成为恐怖和屠杀的吓人标志。

除了政治上的宣传,德国纳粹还开始组建军事力量。1921年10月5日,希特勒在党内建立了自己的军事组织——冲锋队,到1923年,纳粹已经拥有3万名党徒,成为当时不可忽视的政治力量。

"德国工人党"最初的创始人,德莱克斯勒,也是希特勒的最初发现者,在希特勒即将成为纳粹党领袖的前夜,他这样评价希特勒:

> 权力欲和个人野心使阿道夫·希特勒先生在柏林呆了6周后回到他的岗位上来了,而他柏林之行的目的至今没有透露。他们认为时机已经成熟,可以借他背后暧昧不明的人之手,在我们队伍中间制造分裂和不和。

▲ 希特勒主持召开"民族社会主义德国工人党"领导层会议。

他的目的完全是利用民族社会党作跳板，来实现他自己的不道德的目的，篡夺领导权。

当时美国驻柏林的官员在1922年年底对希特勒及其纳粹党进行了调查后，华盛顿出示了一份包含以下内容的报告：

目前巴伐利亚最活跃的政治力量是民族社会主义工人党。它与其说是一个政党，不如说是一个群众性运动，我们必须把它视为意大利的法西斯运动在巴伐利亚的再版。

它最近取得的政治影响同它实际党员人数是完全不成正比的。

阿道夫·希特勒从一开始就是这个运动的支配力量，这个人的性格对于这个运动的成功一定是最重要的因素，他左右一个群众集会的能力

▲ 恩斯特·罗姆（前左），希特勒在慕尼黑啤酒馆暴动时的搭档；纳粹冲锋队头目希姆莱（前右），在罗姆被杀后，希姆莱接手纳粹冲锋队。

是不可思议的。

这些分析和评价，不久就得到了证实。

实力的增长，使得纳粹党的野心大大增长，开始了夺权的准备。1923年2月，纳粹与其他几个极右团体组成了"祖国战斗工作联盟"，后又组成了"德国人战斗联盟"，旨在推翻魏玛共和国，撕毁凡尔赛和约。11月初，希特勒开始策划在巴伐利亚建立法西斯政权。

1923年11月9日的上午，在贝格勃劳凯勒啤酒馆通往慕尼黑市中心的道路上，一队人马正浩浩荡荡地前进，在队伍的前面，飘扬着一面大大的"卐"字旗和当时的高地联盟的旗帜。希特勒和前帝国将军鲁登道夫带领着将近三千人，急促地前进着，在他们身后，跟着一些卡车和一些冲锋队员，卡车上还架设好了机关枪，冲锋队员的肩上都挂着马枪，有的还配上了刺刀。

这天是德意志共和国成立纪念日，而这批人要做的，并非是为了纪念这个日子。尽管希特勒曾经多次在巴伐利亚政府面前拍着胸脯保证："我立誓，我是决不举行暴动的。"但是这个演说家的话一向是靠不住的。就在前一天晚上，希特勒和他的党徒们在贝格勃劳凯勒啤酒馆发动了暴动，在前几次暴动流产后，希特勒相当看重这次行动。希特勒本来计划将暴动时间定在11月10日到11日，但是报纸上的一则公告改变了他的计划。据报载，应慕尼黑企业团体的邀请，巴伐利亚邦长官卡尔将军将于11月8日晚，在慕尼黑东南部一家名叫贝格勃劳凯勒的啤酒馆发表施政演说。届时，驻巴伐利亚的国防军司令、邦警察局长和政府部长及其他政要将列席会议。在希特勒看来，这是天赐良机。三政治巨头以及其他政府要员都将汇集于主席团，为什么不能将他们引入一室，说服他们就范，参与政变，若他们冥顽不灵，便将他们监禁。毫无疑问，希特勒重视的是效果。他心里非常明白，倘若没有三政治巨头的全力支持，他是不能成功地进行起义的。他无意夺取巴伐利亚政权，只是企图以猛烈的行动去唤起巴伐利亚人，以便卓有成效地与柏林抗衡。他决定用武力来劫持这三巨头,迫使他们按照纳粹党的要求一同暴动。

8日晚上的行动可以说是成功的。当晚8点半,武装纳粹将大楼团团围住。数量上处于劣势的警察,见此情景,一个个都目瞪口呆。由于对此毫无准备,他们一筹莫展。希特勒大喊道:"国社党革命爆发了!大厅已被包围!谁都不准离开大厅。"接下来,希特勒向这三人表示了歉意,说:"这是为了德国的利益。"他告诉他们,前警察局长波纳将出任巴伐利亚总理;以右派激进组织"战斗同盟"为基础的新国民军将由鲁登道夫指挥,而鲁登道夫将率军向柏林挺进。希特勒保证,在起义军取得政权后,三政治巨头将会行使更大的权力:卡尔将为巴伐利亚摄政;洛索夫为帝国陆军部长;赛塞尔为帝国警察部长。

在散会之前,激动的希特勒做出了如下的发言:

> 我现在要履行我5年前在军事医院一时成了瞎子时所立下的誓言:要不倦不休地努力奋斗,直到十一月罪人被推翻,直到在今天德国的悲惨废墟上建立一个强大的自由的光荣的德国。

由于控制了警方,罗姆又占领了军区司令部,身在贝格勃劳凯勒酒馆的希特勒,正陶醉在幸福中。后来,工兵营地传来报告说,起义部队正与工兵们争论不休。希特勒当即决定离开指挥岗位,亲自前往该地解决问题,这是严重失策。接着他又犯了一次策略性错误:让鲁登道夫将军指挥起义。希特勒一走,洛索夫将军便说他必须回办公室去下达命令。鲁登道夫觉得此要求有理,便允许洛索夫走出啤酒馆——卡尔和赛塞尔在不远处跟着。希特勒刚到兵营门口,一点作用也没起,便被驱走了。一小时后,他回到啤酒馆,发现三政治巨头已被允许脱逃,大吃一惊,刚刚到手的"猎物"全都逃之夭夭了。

洛索夫将军于凌晨2时55分向"德国所有无线电台"发出下述通电后,希特

▲ 1923年11月9日，希特勒（左二）伙同前帝国将军鲁登道夫（左一）发动了啤酒馆暴动。

勒原来所抱的一线希望，即三政治巨头不会公开反对起义，也就破灭了。

电云：

  冯·卡尔州委员、冯·赛塞尔上校和冯·洛索夫将军业已镇压希特勒起义。枪口下发表的支持无效。请勿误用上述人名。

洛索夫

  局势迅速恶化，鲁登道夫与希特勒决定带领党徒向市中心进发，争取赢得居民们的支持，并占领慕尼黑的要地。可是当希特勒和鲁登道夫带领着队伍来到离陆军部不远的府邸的时候，双方发生了武装冲突，鲁登道夫当场被捕，希特勒受伤后逃

THE ATTACK ON

POLAND 二战经典战役全记录
闪击波兰

▲ 武装纳粹党徒在希姆莱（中间戴眼镜者）的带领下在街头设置路障。

走,两天后也被捕。

这次暴动虽然失败了,但希特勒此时已经成为闻名全国的政治人物,并在他被捕期间,完成了那本臭名昭著的《我的奋斗》的写作。一句话,希特勒没有就此罢休。1924年12月20日,希特勒在服刑不满9个月的情况下从监狱被提前释放,他曾经表示:"我恢复活动以后,必须采取新的方针。我们将不再通过武装政变来取得政权,而是要捏着鼻子进国会同天主教议员和马克思主义者议员打交道。"

事实上,出狱后的希特勒也正是这么做的。他改变了从前暴力夺权的方针,转而依靠垄断资产阶级、军官团和容克地主,重新建立纳粹党。1926年2月,在南德班堡举行的纳粹党全德领袖会议上,希特勒压倒了党内的小资产阶级社会主义派,巩固了自己的领袖地位,使得纳粹党越来越代表垄断资产阶级的利益。到1928年,纳粹党员已经发展到9.6万人。

德国的纳粹运动没有停止,因为导致纳粹运动的种种因素没有改变。

德国法西斯的第二次浪潮很快又到来了。1929～1933年出现的经济危机席卷了整个资本主义世界,工厂停产,商店倒闭,银行破产,整个工农商业陷于瘫痪,造成了灾难性的严重后果。

在这次危机中,美国和德国所受的打击最大,其中美国的经济倒退了27年,德国的经济倒退了36年。在美国,罗斯福总统上台,开始实施新政,国家插手经济生活,对经济生活加以计划的调节。在德国,纳粹则利用经济危机中人们的愤懑情绪和不安心理,采取种种欺骗手段,掀起了声势浩大的法西斯运动。

在希特勒的授意下,纳粹声称"中等阶层是国家的中坚力量","要求提供充分的工作岗位,使在劳动岗位的劳动者能过富裕的生活。"1930年,纳粹出台"商店－分店税收法草案",宣扬"保护日益受到大企业严重威胁"的个体商贩,同时提出"定货法草案",扶助中小工商业。

1930年和1932年,纳粹又先后出台《迅速提供就业——战胜危机纲领》和《农民纲领》,宣称将保护中小企业和农民。纳粹党通过以上的宣传和政策,笼络了大

THE ATTACK ON
POLAND 二战经典战役全记录
闪击波兰

批不明真相的中小资产者和农民。

另一方面，德国纳粹加强了夺权的步伐。他们利用凡尔赛和约签订后国内对魏玛共和国的反感心理，攻击共和制，声称要用一个新的帝国来取代。1930年，当国内因经济危机而导致政治危机时，纳粹党发起了一次选举战，数千名训练有素的演说家被派往全国各中小城市，宣传纳粹纲领，发放传单，大谈政府的无能，并作出种种诱人的允诺。

纳粹政党并非一个停留于鼓唇弄舌的政党，它所想代表的并非一个政党，而是整个国家。纳粹党一直宣扬采取"主动行动"，而其实质则是以永恒、全面的暴力和恐怖为其行动纲领。其暴力工具即为成立于1921年8月的冲锋队，冲锋队员多次用来扰乱其他党派会场，镇压敌对者，恐吓竞争者。

纳粹通过以上的种种手段，使得当时的大批中小资产阶级、知识分子和大学生加入纳粹党。就这样，纳粹党利用1929～1933年的经济危机，迅速地从一个微不足道的小党（1928年国会选举仅获选票2.6%，共81万张）一跃成为国会第一大党（1932年国会选举中获37.2%，达到1,370万张），从而为其进一步侵略扩张捞取了政治资本。

☆ 重返大国

就在"道威斯计划"刚刚开始执行的第二年，在德国国内经济情况刚刚好转的情况下，德国的国内统治势力即开始蠢蠢欲动。1925年9月7日，德国外长施特莱斯曼写信给当时的前德皇太子，在信中他这样表示：

依我看，近期内德国外交面临着三大任务：

▲ 刚当选为总理的希特勒拜会兴登堡总统。

THE ATTACK ON POLAND
闪击波兰 二战经典战役全记录

第一：作为加强德国未来地位的前提，赔款问题和保障和平问题要求有一个有利于德国的解决办法；

第二：我在这里要提出侨居外国的德国人，也就是身居异国、遭受外族压迫的1,000万至1,200万同胞的问题；

第三：修改东部边界，将但泽和波兰走廊还给德国，修改西里西亚边界，将来合并德国属地奥地利。

德国所期望的不仅仅是重新恢复到其战前的情况，它所期望的远远大于此。

从1925年5月开始，在德国驻外国的领事馆里，除了悬挂魏玛共和国的国旗以外，还悬挂了德意志帝国时期的黑白红三色旗。这一新动向，是在兴登堡当选魏玛共和国的第二任总统后才出现的。

两个月之前，魏玛共和国的第一任总统艾伯特被卷进了一场政治闹剧，折腾得心力交瘁，不久即病逝。大选过后，4月26日，兴登堡当选为魏玛共和国的第二任总统。

兴登堡可谓是一个老军国主义分子，他生于一个贵族家庭，从11岁起，便进入当时的陆军幼童学校，接受军国主义教育。18岁，兴登堡即成为当时第三护卫步兵联队的少尉级军官，并参加了普奥战争和其后的普法战争。

在普法战争中，兴登堡由于作战勇敢，被授予铁十字勋章。此后，兴登堡一直官运亨通，平步青云，一直升到将军一级，后来退役。第一次世界大战爆发后，他重返部队，先后担任德军东线第八集团军司令、东线部队司令、德军总参谋长。虽然在历次战争中兴登堡并没有体现出超群的军事天才，但他还是得到了当时的德国军国主义分子的一致推崇，将其吹捧为一次大战的杰出元帅。一战德国战败后，兴登堡回到汉诺威，韬光养晦，待机而动。

刚刚登上总统宝座的兴登堡一点也不掩饰自己的军国主义政治立场，一上台他即表达了如下的观点：

"在我任职的时刻,我看一看皇帝的照片,并问我自己,这位至尊的万岁爷在这个问题上作何决定?"

比照一下德国从前老首相(第二帝国时期的普鲁士首相)俾斯麦和从前的威廉二世的言论,我们或许能发现这三者在军国主义和独裁政治方面有着惊人的相似之处。

为第二帝国的建立立下赫赫战功的俾斯麦曾经说,当前的重大问题"是不能用决议和多数表决来解决的——1848至1849年的人们的错误就在这里——而是要用铁和血来解决"。

威廉二世在1910年也说过,皇冠"完全是上帝所赐,而不是由议会、人民议会或人民的决定所授予的","我将独行其是。"

对德皇的崇拜,对先前俾斯麦首相"铁和血"政策的欣赏,使得德国的军国主义势力有了复苏的可能。

建立于1919年,带有军国主义色彩的德国组织"钢盔团"复活了。其行动纲领是:要求修改宪法,建立专制政权,恢复德国的军事强国地位,同共产主义斗争到底。虽不具备正规军实力,"钢盔团"却是一个标准的准军事组织,它在镇压1919年德国的革命运动中发挥过巨大的作用。在一战战败后,"钢盔团"曾日趋衰落,但在此时,它却积极成长起来,到1927年,它的成员已经达到100万,成为德国军国主义的支柱,而其外围组织"青年德意志勋章"也有30万人。

而此时德国另一支更加壮大的,更加让人不安的组织却是纳粹,在短短的几年中,纳粹迅速成长起来。1925年纳粹党员只有2.7万人,1926年达到3.2万人,到了1928年,跃增至10万人,1930年达到了30万人,而到了1932年,则超过了100万人,取代了当时"钢盔团"的地位。

逐渐强大起来的德国开始向世界发出了它的声音。1924年9月29日,德国政府向战胜国发出了一份照会,表明了德国政府要跻身于国际舞台,以谋求恢复帝国地位的强烈愿望。这是战后经济的复苏和军国主义复活的必然产物。在这份照会里

THE ATTACK ON
POLAND 二战经典战役全记录
闪击波兰

德国政府提出了三项要求：

1. 接纳德国加入国际联盟并给予行政院常任理事席位；
2. 免除德国的战争责任；
3. 取得殖民地委员会统治权和修改"凡尔赛和约"中关于"德国在军备方面的不平等状况"的军事条款。

面对这三条充满挑衅的照会，法国首先发难，加以阻拦。在当时的法国看来，随着德国经济、军事潜力的复活，德国必然会把其斗争的矛头指向法国。法德是世仇，这很简单，德国决不会忘记法国从这里割走的土地，拿走的钱财，更不会忘记战后出兵占领鲁尔地区带给德国人的恐慌和耻辱。因此，法国说什么也不答应让德国这么容易就强大起来。

而此时，凡尔赛和约的另一受益国英国却不这么想。在英国看来，战后在包括对战败国德国处理的众多欧洲问题上，法国一直处于主导地位，这一直令英国不安。抗衡法国在欧洲大陆的霸权，是英国政府一直都在默默奉行的政策，而拉拢德国加入国际联盟，对于抑制法国的称霸，或许是一条妙计。因此，英国并不反对德国加入国际联盟，而且打算由此重新缔结一个关于保证德国边界的协定。

在大洋彼岸的美国一直对欧洲这边的事情保持着关注，尤其是德国的事务，这一次更是如此。因为自从大量的美国资本涌入德国境内，这些资本的流向及其是否能带给美国相应的利益，便无时无刻不牵扯着美国垄断资产阶级的神经。扶持德国度过难关，抑制对德一直有怨的法国，保证投资正常回流，并引诱当时的德国向苏联进军，这也是美国的方针。于是，1925年7月3日，美国总统柯立芝宣布对保证德国本部边界的主张予以支持，这是他第二次作这样的声明了。

1925年10月5日，座落在瑞士的小城洛迦诺显得异常嘈杂忙乱，这里正在举行关于讨论德国加入国际联盟一事的会议，这次会议是在代表没到齐的情况下举行的。

德国派出了由总理路德和外交部长施特莱斯曼率领的庞大代表团,以一个完全平等的与会国的身份参加了会议。这时的德国与刚刚战败时的德国大不一样,德国代表在会议上态度蛮横,然而,与会的各国代表似乎对此视而不见,仍然实现了德国的愿望。于是1926年9月,德国正式加入国际联盟,不久便"光荣地"成为国联行政院的常任理事国。从此,德国的战败国地位大大改变,跻身于国际舞台,再次成为与英、法平起平坐的大国。

而德国想得到的并非仅仅如此。1925年10月18日,在洛迦诺国际会议的第四次全会上,德国外长施特莱斯曼在对联盟的第十六条提出保留意见时,公开声明:

> 由于德国处于解除武装状况,它的直接军事参加是不可能的。要知道,德国现在是否拥有军队,或它现在的武装力量应被看作仅是警察部队,根本已成问题。因而,要让德国参加军事措施,至少必须加强其部队的武装。

这一席话虽然说得藏头露尾,但是武装德国、重新称霸的野心已经显示出来,这就是战后德国的最终期望。

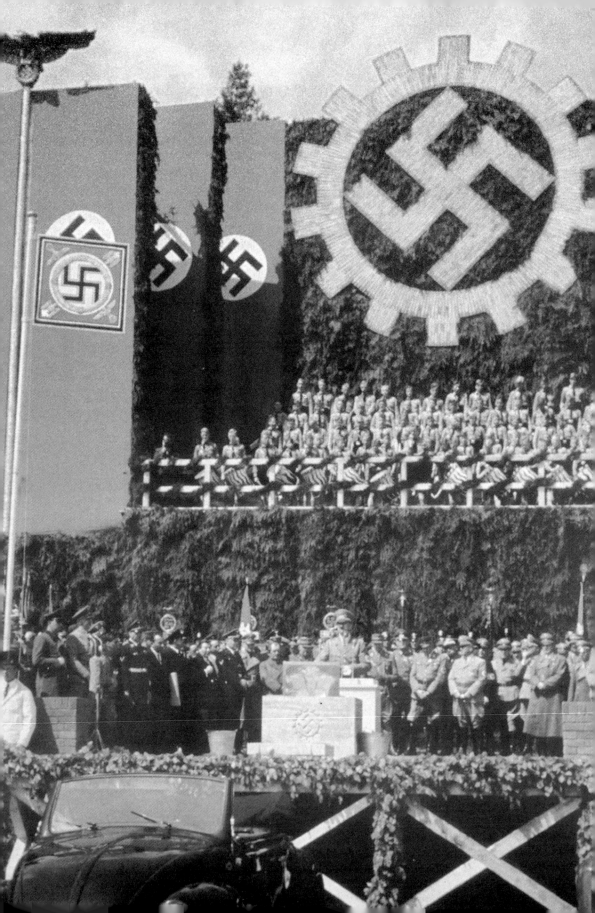

第 2 章

CHAPTER TWO

帝国扩张

早在 1931 年秋,希特勒就曾说过:"如果我现在掌权的话,就把陆军部长叫过来,问他:'全面武装要花多少钱?'如果他要求 200 亿、400 亿、600 亿甚至 1,000 亿,他一定会得到。那时人们就武装、武装、武装,直到武装就绪!"

☆ 要大炮不要黄油

德国的军事力量在一战后大大削弱,凡尔赛和约的制定者企图永远消灭德国可怕的军事力量。他们或摧毁或拆除德国的大部分武器和武器生产设施,尤其是禁止德国拥有战争中出现的4种新式武器:飞机、坦克、潜水艇和毒气,并且有步骤地削弱它的武装部队。

凡尔赛和约的内容一经公布,其苛刻程度震惊了德国人民,他们义愤填膺,有一种被集体出卖的感觉。要求重新武装起来的愿望愈来愈强了,受影响的不仅是激进的民族主义者,因为和约把武装部队削弱到几乎无法维持国内安全的地步,当然也就无力保卫德国四周的边境,许多德国领导人出于纯粹的爱国主义和对边境担忧的考虑,一些商人受利益驱动,都对重新武装跃跃欲试。而无论什么动机,形形色色的职业军官、政客和大工业家聚集在争取军事自由的"伟大事业"前,为了达到目的,他们准备违反凡尔赛和约。

早在1931年秋,希特勒就曾说过:"如果我现在掌权的话,就把陆军部长叫过来,问他:'全面武装要花多少钱?'如果他要求200亿、400亿、600亿甚至1,000亿,他一定会得到。那时人们就武装、武装、武装,直到武装就绪!"而在希特勒上台后,这一切进行得更加顺利,德国的军费一增再增,掀起了一阵扩军备战的狂潮。

为了能使国内的经济最大限度地为扩军备战服务,希特勒上台后即着手改革经济管理体制。1933年7月15日,希特勒颁布法律,命令一切工业组织成立辛迪加,统治国内市场并操纵物价。就在这一天,希特勒同时还设立了全国最高的经济机构——"德国经济总会",由12名德国大工业、大银行、大商业代表和5名纳粹分子

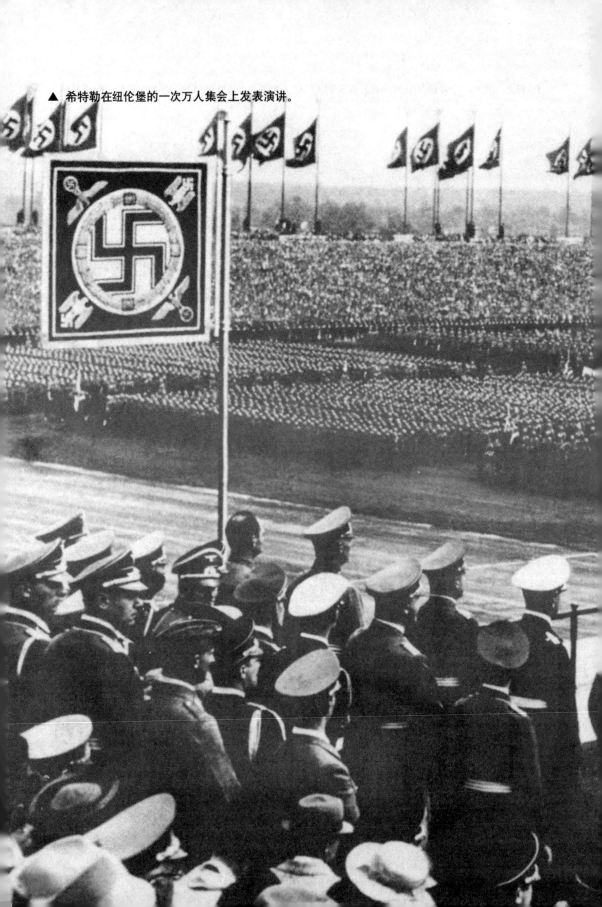

▲ 希特勒在纽伦堡的一次万人集会上发表演讲。

THE ATTACK ON
POLAND 二战经典战役全记录
闪击波兰

组成的领导集团,以维持国内的经济秩序为名把持了经济管理权。

1934年3月13日,德国以经济部长施密特的名义发布控制产业的新法令规定:经济部拥有创设、解散或合并所有工业组织的权力;并向各企业派遣领导人,凡违抗经济部命令者,政府立即给予处分。同年11月27日,"德国经济总会"颁布《德国经济有机建设条例》,元首把全德经济划分为工业、商业、银行、保险、能源和手工业6个大组,全国所有私人企业均须加入,分属各组。纳粹还对全国大小公司和企业的董事进行了清洗,一大批犹太资本家及对纳粹持反对意见的人被从董事会赶了出去,而是由清一色的纳粹党领导成员组成了新的垄断资本集团。

就这样,在经济体制上,工业界的巨头们大部分以"国家干部"的身份出面,领导和控制着各经济部门。在各经济部门均实行"领袖原则",下级要绝对地服从上级,在德国建立起一套适合总体战争需要的国民经济管理体制,以保证国家经济能够最大程度地为战争服务。

在改革改组经济的同时,希特勒开始花更多的时间去争取德国的工商业巨头。早在经济最萧条的1931年,希望破灭的大工业家在寻找代替共和国政府的出路时,希特勒就加紧了行动,同时,约瑟夫·戈培尔和其他纳粹宣传家在群众中大造声势。希特勒乘一辆黑色大奔驰车走遍德国各个地方,和金融界、工业界的巨头秘密会晤。他的一名副官在回忆起这一段往事时说,一些会晤是非常保密的,竟然在"人迹罕至的林中空地"举行,因为当时双方都需要保密。对希特勒来说,他不愿意让人看见他和国家社会主义工人党宣传中经常攻击的目标握手言欢;而对大资本家来说,他们也不想公开自己和希特勒以及他的那些激进的观点有染。

在这些场合,希特勒总是能够尽其所能,专挑大资本家喜欢听的话说,他总是讲那些有利于他们经济利益的话题,利用他们害怕共产主义和厌恶工会的心理,暗示在纳粹政府中两者都不会存在。对那些将从全面扩军备战中获得最大利益的重工业巨头,希特勒暗示他们将得到利润丰厚的订单,生产武器和其他战争用具。

希特勒从大资本家那里得到的不仅是金钱,还有比金钱更有价值的东西,资本家授权的合法性使他没有遇到激烈反对就夺得大权。1933年2月20日,刚上任3星期,希特勒就在赫尔曼·戈林的柏林官邸会见了大约20位工业巨头。希特勒总共讲了90分钟,深深触动了这些大工业家。他说:"任何文化的好处都必须或多或少地借助铁拳才能传播。"他说工业界和陆军一定要恢复往昔的荣耀。希特勒慷慨激昂地结束了他的演讲,像一个征服者那样离去,而在座的大亨们无不慷慨解囊,起身表示愿意支持纳粹。最先表态的是德国著名的工业家和军火商古斯塔夫·克房伯,他和其他人一起为希特勒和德意志新帝国更大的荣耀一下子就掏出了300万马克。就是这个克房伯,很快就向纳粹奉献了一腔赤诚,成了一名"超级纳粹党人"。

依靠希特勒给军火商提供的大量订单,商人们也赚足了钱。在希特勒的授意下,官方规定:"所有工业企业都必须为军备服务……否则就得关闭。"因此,许多工厂企业转入军工业生产。1934年初,纳粹德国国防工作委员会批准了约24万家工厂来供应战争订货的计划。仅在纳粹执政的头三年,就有300多家兵工厂投入生产。在1929到1939年间,德国军火生产力增加了9倍,飞机制造几乎增加了22倍。

但是这种工业,特别是军火生产的猛增并没有给德国人民带来真正的实惠,只是让一部分大垄断资产阶级赚足了钱,而德国的工人阶级却承担了最沉重的负担。德国纳粹则煽动受剥削的劳动人民为"生产原料战斗"出钱出力,劝告人们把餐桌上的美味佳肴换成便宜食品,以鱼代替肉,以黑面包代替白面包,以人造黄油代替黄油,正如他们的宣传部长约瑟夫·戈培尔所说:

"我们可以没有黄油,但是不能没有武器,尽管我们热爱和平。我们不能拿黄油射击,只能用枪。"

依靠这种人为的刺激,德国的军火工业得到了迅速发展,而军火工业的发展又带动了整个工业,特别是重工业的发展。在入侵波兰前夕,德国的工业产量仅次于

▲ 希特勒游说这些钢铁巨头支持纳粹扩张军备。

THE ATTACK ON
POLAND 二战经典战役全记录
闪击波兰

▲ 希特勒出席在威廉港举行的战列舰下水仪式。

美国和苏联，在世界上居第三位。

与军火生产猛增的同时，军队规模也迅速扩大。1933年12月，在布洛姆贝格主持下，德国制定出新的扩军计划，规定到1938年4月1日建立21个步兵师、3个骑兵师、1个骑兵旅、1支装甲部队和1个轻装甲师。陆军平时总兵力为30万人，战时经动员扩展到63个师，其中33个野战师。后来希特勒下令将完成期限提前到1934年秋，实际上到1934年秋，德国陆军已达到25万左右。1935年3月16日，希特勒公开撕毁凡尔赛条约对德国的军备限制，发表关于重整军备的"声明"，宣布正式建立国防军。同年7月19日，总参谋部提出一项新的扩军计划。到了1939年9月1日，德国的陆军总数已经达到了275.8万人，装备有各型装甲车3,200辆，反坦克炮1.12万门、迫击炮3,340门，以及大量工程、通信等装备和器材。

希特勒对空军的发展高度重视，40%的扩军备战经费都被用于空军，因此它在三军中的发展是最快的。希特勒一上台就任命戈林为航空专员，后又改任航空部长。航空部国务秘书米尔希很快就提出了纳粹德国的第一个空军发展计划，规定到1935年秋即建成一支拥有600架第一线作战飞机的空军，编51个飞行中队，其中轰炸机中队27个。后来又不断地追加指标。

1935年，戈林正式向世界宣布，德国已经建立起自己的空军，此时的德国有飞机1,500架，其中作战飞机800架。同年10月，米尔希起草的"第一号生产计划"规定，到1939年4月1日前，生产出11,158架飞机，其中作战飞机3,820架。到了1939年8月二次大战前夕，德国空军已经拥有军官1.5万名，士官和士兵37万人，有21个飞行联队、302个飞行中队，拥有作战飞机4,093架，已是一支颇具威力的空中打击力量，成为纳粹即将实施的闪击战的重要支柱之一。

在刚开始时，希特勒并未对海军给予足够的重视，这是因为德国一直奉行着"先大陆，后海洋"的扩张战略。在德国领导人看来，未来战争中德国首先要对付的是法国、苏联等大陆国家，而不是英国等海上强国。但尽管如此，德国的海军建设在这一时期也飞速发展。

THE ATTACK ON
POLAND　二战经典战役全记录
闪击波兰

1934年，纳粹德国海军制定了第一个造舰计划。根据这一计划，1934年秋，德军开始建造"布吕歇尔"号和"海军上将施佩伯爵"号重型巡洋舰，以及5艘驱逐舰。1938年10月底，德国海军计划委员会提出了德国海军"暂时的最终目标"：将德国海军建设成一支足以与英国对抗的，拥有10艘战列舰、15艘装甲舰、5艘重型巡洋舰、24艘轻型巡洋舰、36艘小型巡洋舰、8艘航空母舰和249艘潜艇的海上武装力量。为此，德国海军方面先后提出了"X"、"Y"和"Z"的造舰计划，但是由于受脆弱的经济的影响，加上缺少技术熟练的工人，直到世界大战爆发也没有达到所预期的目标。

实际上不仅是海军，就整个德国的扩军备战而言，虽然其规模和速度都是德国前所未有的，但是在其扩军过程中遇到了许多问题，如兵源不足、军官训练不够、武器装备不足等障碍，直接影响了其扩军备战的质量。到1939年，德国可以说在各方面都做好了打一场短期战争的准备，但是还未能完全做好同西方国家进行一场大战的准备。

☆ 秃鹰军团在行动

上台后的希特勒一直跃跃欲试，想在国际舞台上一展身手。

这个机会很快就来了。

1937年2月27日，法国众议院以353票对164票，通过了法国和苏联于1935年3月2日在巴黎和3月14日在莫斯科签署的"法苏互助协定"。希特勒曾假意宣称这个协定使洛迦诺公约成了一个在法律上不安全的因素，并曾就此正式照会过法国政府。现在法国议会已经批准了这个协定，希特勒感到自己大做文章的时刻到了。

1936年3月1日，希特勒做出了行动的决定。第二天，国防部长勃洛姆贝格遵从希特勒的指示，向武装部队发出了开始实施"训练计划"的命令。这个所谓的"训练计划"是十个月前勃洛姆贝格指令三军制定的，其核心旨在"以闪电速度的突然一击"，重新占领非军事区。这个"训练"从一开始就不是真正的训练。

3月7日，一支全副武装的德国部队迅速地越过莱茵河桥，向亚琛、特里尔和萨尔布鲁根挺进，并很快占领了莱茵非军事区。就在这一天的上午10点钟，德国外交部长牛赖特召见了法国、英国、比利时和意大利驻柏林的大使，向他们通报了德军进入莱茵区的消息，并交给他们一份德国政府的备忘录。这份备忘录中不仅提出了废除洛迦诺公约的要求，而且提出了新的"和平计划"。

两个小时以后，国家元首希特勒在国会讲坛上，对他的崇拜者宣称：

> 德国不再受到洛迦诺公约的约束。为了德国人民维护他们边界的安全和保障他们防务的根本利益起见，德国政府已从今天起重新确立了德国在非军事区的不受任何限制的绝对主权。
>
> 在恢复我们民族的光荣的时候决不屈服于任何力量。

而在这看似嚣张的讲话下面却隐藏着希特勒的心虚，据说他的译员保罗·施密特曾听希特勒这样说过：

> 在进军莱茵区以后的48小时，是我一生中最紧张的时刻。如果当时法国人也开进莱茵，我们就只好夹着尾巴撤退，因为我们手中可资利用的那点军事力量，即使是用来稍作抵抗，也是完全不够的。

但是情况的发展却一直倒向有利于希特勒的这一边。大英帝国尽管一面为德国破坏国际秩序而感到十分遗憾，但他们更关心的是如何防止法国针对此事采取任何

THE ATTACK ON
POLAND 二战经典战役全记录
闪击波兰

举措。英国此时竟然第一个建议法国不要对德国采取惩罚，英国伦敦的《泰晤士报》发表文章说，莱茵是德国的领土，希特勒只是"回到他自己的后花园"。法国政府也没有采取行动，当内阁在讨论要不要对德国进行制裁时，参谋总长甘末林将军说："一个战斗行动，不论多么有限，都可能招致无法预言的意外情况，因此不颁布总动员令，就不能遽然采取。"

因此，最终希特勒还是赢得了这场危险的赌博，他初次尝到了使用自己手中的武装力量的甜头，但他要的不仅仅是这些，他决不会就此满足。

1936年7月25日晚，希特勒和许多纳粹军官在巴伐利亚的拜罗伊特市听完歌剧后，回到了他下榻的瓦格纳的别墅中。别墅中已有三位从西班牙属摩洛哥远道而来的代表等待召见，他们是代表西班牙佛朗哥叛军来向希特勒求援的。这对渴望一试身手的希特勒无疑正中下怀。佛朗哥要10架运输机，希特勒给了20架他自己乘坐的可靠性很高的三引擎的Ju52，还派了6架战斗机护航。接着，元首立刻召见了国防部长勃洛姆贝格和航空部长戈林，向他们宣布了自己的决定。

一场名为"魔火"的运输行动开始了。代号取自瓦格纳歌剧中的一圈火焰，剧中的主人公齐格菲穿过火圈营救被困的布容希德。行动在暗中进行，因为希特勒不想和同情共产党政权的西方民主国家发生正面冲突，特别是在佛朗哥的军队前途未卜之时。

1936年7月31日，一批空军飞行员被选出，谎称预备役，连同他们的装备一起乘轮船以游客的身份前往西班牙。8月的第二个星期，"魔火"行动全面开始，Ju52穿梭于摩洛哥和西班牙大陆之间的狭长地带。到10月初，13,000名士兵已经被运到西班牙，还有大约500吨弹药和其他装备，包括36门大炮的散件和127挺机关枪，这是历史上第一次大规模的军事空运。

开始的时候，被派往西班牙的飞行员只是偶尔参战，但是为了更好地利用这次机会，希特勒和他的将军们准备更主动地介入西班牙冲突。元首和他的将军们都十分清楚，这一次，不仅仅是反对共产主义的战争，而是为了更好地测试新式武器，

▲ 1936年3月7日，德军重占莱茵非军事区，这是进军前的战争动员场面。

训练优秀的战斗人员。

德国军方于10月底成立了"秃鹰军团"，名字是戈林建议的，象征军团的主要任务在于检验德国的空中力量。先进的战斗机和轰炸机往往刚走下生产线就被火速运到西班牙替代原有的装备，虽然没有出动地面部队，德军还是派出了几组军事顾问团，他们主要负责训练佛朗哥的坦克兵，并检验德国最新坦克的作战能力。

在接下来的时间里，德国的"秃鹰军团"参加了佛朗哥军队的一切战斗，直到佛朗哥获胜。在战斗中，德国的轰炸机和战斗机发挥了极大的作用，特别是在1937年1月，坦克司令托马终于有了机会验证他的老师海因兹·古德里安的坦克战理论。双方把坦克分布在步兵团里，为地面部队提供机动炮火支援。托马计划同希特霍芬战斗机中队协同作战，由集结的德国P－I坦克发动空袭。进攻开始时先炮轰敌人阵地两小时，随后He51横扫敌人的空中，炸掉敌人的主要反击点；然后由坦克强

▲ 德军"秃鹰军团"开进西班牙。

FULL RECORDS OF CLASSIC CAMPAIGNS IN WORLD WAR II

行开进，摧毁敌人一切可能的防御力量；最后步兵上场，占领坦克夺取的地盘，这就是坦克战的实质。

事实上，在此以后，"秃鹰军团"一直不断演练并改进他们的这次闪电战式的战术。在进攻的同时，军团指挥官和西班牙同行配合熟练，前沿阵地可以用无线电同地面部队及空军保持联系，先进的通信手段和德国高性能的武器，使得指挥官能够快速而有效地对共和政府的进攻做出有效的回应。如果指挥部知道对方的重型坦克要出战，就不派力量薄弱的坦克去应战，而转用88毫米的机动高射炮平射应敌。就这样，在西班牙战场上真正发挥作用的不是德国的某样先进武器，而是各种装备的密切配合。

1939年的春天，战争结束了，"秃鹰军团"陆续回到了柏林，他们一起游行通过勃兰登堡门，欢庆胜利。当时的航空部长戈林对这次行动十分满意，认为这次行动考验了他的空军，而且空军的表现不负众望，无论是飞行员还是飞机，德国的和其他国家的一样优秀。他的飞行员则在屡次激战中磨练了技术，同时那些派去当顾问的指挥人员也学到了宝贵的经验，他们认识到高强度的、大面积的轰炸可以在敌人前沿阵地产生毁灭性的效果，而空军的作战，需要和地面部队进行密切的配合。最为主要的是，他们把海因兹·古德里安所提出的坦克战的理论加以部分地实践，德军日后的闪击战已经初具雏形。

6年以前，希特勒刚刚上任时，国家经济萎缩，军事力量脆弱，而现在，希特勒手中的牌越来越大，他手里既有性能先进的武器，又有经过验证的技术，再加上久经沙场的部队。

几个月后，希特勒就要把他的帝国推向一场征服性的战争，尽管无论从人力物力还是从国际环境上，整个国家和军队都没有做好完全的准备，但是在革新派和战术理论家看来，德国的弱势不会在战争初期暴露出来。9月1日，那些在西班牙练就了一身胆略和技术的飞行员和坦克指挥员将入侵波兰，在密切的战斗配合中，展现他们所谓的德国闪击战的奇迹。

THE ATTACK ON
POLAND 二战经典战役全记录
闪击波兰

☆ 为和平而消失的国家

1937年11月5日，纳粹德国武装部队的军官接到通知，下午到总理府开会，讨论军备和原料问题。这次武装部队三军总司令联席会议，是勃洛姆贝格通过希特勒的副官霍斯马赫请求希特勒召开的。

下午4时15分，会议正式开始，希特勒首先解释了这次会议的意图，并且叮嘱与会者，必须把他的话"看作是他的最后意愿和遗嘱，万一他去世的话"。接着他转入正题，谈起了德国的"生存空间"问题，这是他十几年来一直念念不忘的。

在希特勒看来，雅利安人，特别是日耳曼人是最优秀的民族，"是大自然的宠儿，最勇敢和最勤劳的强者"，而强者统治弱者是上苍赋予的权力，天经地义，无可厚非。因此，由日耳曼人建立的德国应该成为地球的主人。他这次召开会议，就是为了解决这个问题，他提出"万一我们卷入战争，我们的第一个目标必须是同时推翻捷克斯洛伐克和奥地利，以消除对我国两翼的威胁"，而对于当时的大国英、法，希特勒认为他们短期内不会参战，因为"英帝国的内部困难以及将来介入另一次长期的、毁灭性的欧洲冲突的可能性，就足以使它不会对德作战"，"而没有英国的援助，法国的进攻简直是不可能的。"

三军总司令以及外长对于这位雄心勃勃的元首的计划，并没有他那么自信，部分人提出了异议，而希特勒是容不得反对意见的。他再次强调"在我们的计划中，必须把'武力冒险'置于首位"。事实上他也是这么做的，希特勒迅速勾结意大利和日本的法西斯势力，缔结了"柏林－罗马－东京轴心"，这正是希特勒所需要的。在他看来，"我们缔结同盟只是为了进行战争。""缔结同盟的目的如果不包括战争，这种同盟就毫无意义，毫无价值。"希特勒的这种武力或者说是这种武力威胁很快

▲ 1938年3月13日,希特勒和墨索里尼达成一致意见后,派兵进驻德奥边界。
▲ 德军正在通过德奥边界。

英国首相张伯伦(前)与德国外长里宾特洛甫(后排左)在伦敦举行会议。

就派上了用场。

1938年2月，希特勒向来访的奥地利总理许士尼格发出了赤裸裸的威胁：

"我只要下达一个命令，在一个晚上你们所有可笑的防御工事将被摧毁成碎片。你是不是认真地以为你能阻止或者拖延我半个小时？谁知道呢？也许一天早上你在维也纳醒来，发现我们就在那里，就像一阵春天风暴。"

这种威胁使许士尼格当时就接受了希特勒的条件，但在回国后，进行了全民投票，看人民是否支持德国和奥地利合并。这使希特勒暴跳如雷，他一面以最后通牒的方式要求许士尼格放弃举行公民投票的决定，并要求他立刻辞职并指定英夸特担任临时总理，一面指示凯特尔和维巴恩等将军拟定进兵奥地利的作战方案，定名为"奥托"方案。

武装部队最高统帅部下达了武装部队总司令希特勒的第一号指令，这也是第三帝国走向战争的第一个完整的作战指令。同时，希特勒又向许士尼格发去一份最后通牒，限定其必须于当晚19时30分前满足德国的所有要求，否则将有20万德军进入奥地利。

此时的许士尼格除了投降以外，还有一条路可走，就是下令军队进行战斗，但是他放弃了。事后他这样解释道：作为一个骄傲的日耳曼人，他决定避免出现1866年奥地利面对的局势，当时他们与普鲁士人战斗并被彻底击败。"我拒绝成为工具——直接或间接的——一再准备为该隐残杀他的兄弟亚伯。"

正当赫尔曼·戈林在柏林宏大的飞行员之宫举行晚会、招待各国驻柏林的外交官及帝国政府要员时，维也纳的电台里响起摩特·冯·许士尼格最后的、绝望的讲话。

他的声音有些沙哑，他宣布辞职，并下令奥地利军队停止抵抗，"我们决心即使在这个严重的时候，也决不能让日耳曼人的鲜血四溅。"最后，他祈祷"上帝保佑奥地利"。随后，赛斯－英夸特以内阁成员的名义发表了讲话，他成了奥地利的新总理，这位新总理一上台就急着呼吁奥地利市民要保持镇静，不要对发生的事情

THE ATTACK ON
POLAND 二战经典战役全记录
闪击波兰

作任何抵抗。就这样，德国军队被请到了奥地利，总统被迫任命新总理赛斯－英夸特签署了一项新法令，宣布奥地利成为"德意志帝国中的国家"。

而在柏林的飞行员之宫，晚会还在进行，主人戈林在晚会进行到一半的时候出场了，此时他最注意的是这些外交使节对德国吞并奥地利的态度。他对法国似乎不必担心，法国现在处于无政府状态，夏当总理和他的内阁于昨天辞了职，法国人在为他们自身的政府而奔忙。至于英国，亨德森爵士3月3日告诉希特勒，只要结果可以称为"合理地达到了合理的解决"，英国可以对奥地利问题撒手不管，首相张伯伦3月7日的讲话也完全给德国取得奥地利开了绿灯。希特勒安插在伦敦的特使里宾特洛甫向戈林的电话报告中称：张伯伦先生给人以"极好的印象，具有互相谅解的可敬意愿"。

很让希特勒担心的是捷克斯洛伐克的反应，捷克斯洛伐克的公使一到飞行员之宫就被戈林召见，戈林向他保证："奥地利发生的事情完全是德国的家务事，对德捷关系毫无意义。对捷克斯洛伐克，德国并无恶意。我可以用我的名誉担保。"接着戈林又向公使提出，作为交换条件，捷克人必须作出不进行战争动员的保证。捷克公使立即向布拉格作了报告。当剧场休息结束，宾主再次进入大厅时，他告诉戈林，他已经和外长通过了电话，外长对德方的善意表示欣赏，并授权他向元帅作出肯定而坚决的保证：捷克斯洛伐克不会因德国武装占领奥地利而进行动员。戈林对此表示满意，并再次以元首的名义重申了他的保证。此时的晚会已经进入了高潮，迷人的乐曲继续飘扬，宾主各自怀着不同的心情欣赏着。

"在吞并了奥地利之后，元首表示，他不急于解决捷克问题。必须先消化奥地利。"这是希特勒的下属对当时希特勒的回忆。而希特勒的消化能力是很强的，他怀着征服者的喜悦到奥地利转了一圈之后，奥地利便被他消化了。捷克斯洛伐克是他的下一个目标，而希特勒这次会从捷克的苏台德地区下手，在这里他可以充分利用民族问题作些文章。

首先，希特勒极力拉拢康拉德·汉莱因，他说："你是苏台德德意志人党的合

▲ 慕尼黑会议后,法国总理达拉第回到巴黎,人们夹道欢迎。公众舆论普遍感到欣慰,认为签订了条约即可避免战争、挽救和平。

法领导人,我将支持你。从明天起,你将是我的总督。"接着他又说:"苏台德德意志人党应当提出捷克政府不能接受的要求。"汉莱因对希特勒的指示心领神会,他说:"我们必须老是提出永远无法使人们满足的要求。"希特勒对此很满意,他告诉汉莱因,他会在不远的将来解决苏台德日耳曼人的问题。一回到苏台德区,汉莱因即主持召开了苏台德德意志人党代表大会,提出了苏台德区自治的纲领,并要求释放被监禁的纳粹政治犯。

汉莱因的步伐虽快,却跟不上希特勒的野心。早在勃洛姆贝格元帅任职期间,武装部队就开始制定代号为"绿色方案"的对捷克斯洛伐克发动突然进攻的计划。奥地利的轻易得手,大大助长了希特勒的野心,他告诫手下人,对捷克人的空袭应

▲ 希特勒访问被德军占领的苏台德区。

当以闪电式的速度来进行,并把时间定在1938年。而这次事情的进展远没有上次那么顺利。

1938年5月19日,《莱比锡报》报道了德国调军的消息。对此,捷克迅速作出反应,根据总统的提议,内阁会议决定发布"部分动员令",召集在一个年限服役的后备人员以及某些技术人员入伍。英国、法国和苏联也对此事表示了极大的关注,纷纷召见使节进行询问或者威胁。这使希特勒像一个被发现的正在偷东西的小偷那样又羞又恼,但是,他并没有停下他的脚步。5月30日,希特勒签发了关于"绿色方案"的新指示。两天后,武装部队指挥官接到了一道指令,规定1938年10月1日为"绿色方案"实施的最后期限。终于,危机从苏台德蔓延到了捷克。

对此,英法的态度是什么呢,会不会像他们事前所表现出的那样的关注呢?出人意料的是,当希特勒顽固地走向战争时,英国人和法国人轮番威逼利诱捷克人让步,在他们看来,只有这样做才能够保持欧洲的和平。

张伯伦,这位年迈的英国首相,此时为了能够争取到宝贵的和平,不断地奔走于各方力量之间。为了能够挽救和平,他不惜用诚心去感动第三帝国的独裁者,曾先后两次去信阐释自己作为调解人的职责。可是在最近的一次会谈中,希特勒简单地用一句德国的谚语来回复这位老首相的苦心:"恐怖的结局胜于没有结局的恐怖。"这确实令张伯伦紧张不已,怎么办才好呢?张伯伦像一位吓坏了的保姆一样审视着四周,企图为希特勒这个嚎啕大哭的婴儿寻找食物。

终于,"和平的曙光"从乌云中射了出来。

1938年9月29日下午,英法德意四国首脑齐集慕尼黑的元首大厦,这里没有长条桌、没有名片、没有纸本和削尖的铅笔,会议在希特勒的私人办公室召开。这次聚会的主题自然是最近捷克斯洛伐克的苏台德问题,希特勒在会议开始时简短地发表了个人讲话,其要点是,德国对苏台德区的占领应当立即开始,最终边界问题则由公民投票解决。值得一提的是,与这件事情有切身关系的捷克斯洛伐克代表自

THE ATTACK ON
POLAND 二战经典战役全记录
闪击波兰

始至终待在他们所住的饭店里,根本就没有让他们参加这次元首大厦的大会。直到他们自己祖国的命运被这四个大国安排就绪以后,这些可怜的捷克代表才像被告人一样被允许去听候宣判。

会议进行的方向似乎是在制定吞并捷克斯洛伐克的具体细节,墨索里尼掏出前一天下午一个德国人发给他的备忘录,作为自己的调解意见交出来并与英法进行讨论。此时的张伯伦和达拉第实际上已经放弃了,尽管他们认识到这一定是按德国的意愿起草的,但是他们也很快意识到这就是希特勒想要的。

最后,9月30日凌晨,《慕尼黑协定》用4种语言打印出来,并由四国领导人签字,希特勒的要求得到了满足,但是他很愤怒地胡乱签了名,就"仿佛他在被要求签字放弃他的生存权利"。根据这个协定,苏台德地区被交给了德国,希特勒向其他国家许诺,这是"我在欧洲的最后要求"。

很多欧洲人相信了这句话。法国总理达拉第在坐飞机回到法国时,看到地面上黑压压的人群,他本以为是抗议的人群,结果当他走下飞机时,迎接他的是欢呼"和平、和平"的海洋。张伯伦也一样,欢迎张伯伦的人群达到了狂喜的程度,人们夹道欢迎。并且张伯伦在白金汉宫受到了国王和王太后的接见,晚上,张伯伦站在唐宁街10号的首相府阳台上对群众说:"我们这一代人享受和平的新世纪已经到来了。"

希特勒的许诺靠得住么?当然不!

慕尼黑协定签订的同时,德国的冯·李勃将军即已率领德国军队到达德捷边境,从帕绍北面的格洛克尔堡越过了边界。很快,元首希特勒就来到这里视察整个苏台德地区,在这里,他再次发表了他那具有强烈煽动性的演说,欢呼声震耳欲聋。很快,在希特勒的授意下,戈林强迫贝奈斯总统辞职,否则将对捷克绝不留情,这位博士不得不流亡海外。

接替他的是艾米尔·哈查,一位患有先天性心脏病的66岁的法学家,他对政治懂得可以说是少之又少。他上台伊始即想结束当前的分裂局势,可是受到了希特勒的阻挠。1939年3月15日凌晨1点,哈查到了帝国总理府,当他看到会议室外面守候着的医生时,不由倒吸了一口冷气。会议桌上摆着一份已经拟好的文件,就等着他签字。希特勒照例对他发表了一通谩骂、恫吓式的讲话,然后在文件上签上自己的名字就走了。

哈查虽然不很懂政治,但知道如果签署这份协定就会成为千古罪人。于是留在他身边的戈林和里宾特洛甫像玩老鹰抓小鸡一样同这位老总统追逐起来。这位体弱多病的老总统连续昏迷了两次,都被希特勒的私人医生注射的兴奋剂催醒。最后,在他半死不活的状态下,任人摆布地签下了字。

就在那天上午大约10点钟,一辆辆德国的装甲车在猛烈的暴风雪中开进了布拉格,许多捷克斯洛伐克人用手帕擦着眼泪看着那些摩托化部队轰鸣着驶过城市的街道,直到晚上占领完成,开始了8点钟的宵禁。

捷克-斯洛伐克已不复存在。

☆ 希特勒高举魔刀

占领捷克斯洛伐克给德国带来了巨大的经济利益和武装补给,对希特勒来说,此时的他却有些无所适从,成功似乎来得太快太容易了,必须找到下一个更具挑战力的目标才能满足他。

他很快就找到了,优柔寡断绝不是希特勒的天性。

首先是收回梅梅尔地区,这是德国在第一次世界大战中失去的,曾经参加过一战的元首似乎一直对此耿耿于怀,它在战后被划归立陶宛所有,那里住的大多是日耳曼人。1938年11月,希特勒下令执行侵占梅梅尔计划。德国外长在柏林会见了立陶宛的外长,以强硬的口气要求立陶宛立刻把梅梅尔地区交还给德国,并向立陶

THE ATTACK ON POLAND
闪击波兰
二战经典战役全记录

宛政府发出正式通知，要求立陶宛全权代表到柏林来签字，并且"绝对不能拖延时间"，否则就将"以闪电般的速度采取行动"。

在德国的恐吓下，立陶宛政府被迫签署了将梅梅尔港及其贸易区割让给德国的条约。希特勒又一次以胜利者的姿态出现在新的领土上，这又是一次不流血的征服，没有在国际上引起任何争议。不久，希特勒想到了更大的更有挑战性的目标：波兰。

1939年的新年刚过不久，希特勒即接见了波兰的外交部长，这位独裁者以不容置疑的口气向客人提出他的领土要求：但泽是德国人的，永远是德国人的。接着，里宾特洛甫召见了波兰驻柏林的大使，重复了希特勒的这一要求。波兰大使迅速向华沙报告了这些情况，波兰政府拒绝了希特勒的这一要求，这惹怒了德国人，他们扬言"可能会出现严重的局势"。

此时的波兰也不甘示弱，波兰外长向驻波的德国大使表明了华沙的坚定立场，波兰政府的这一决定受到了广大波兰群众的一致支持，这些天里，每天都有表示全国团结一致的集会活动。另外，波兰政府此时向英法求援，并且得到了肯定的答复。英国首相于3月30日在下院发表演说时宣告："一旦发生任何已威胁到波兰独立，而波兰政府因此也认为亟须动员全国力量以进行抵抗的行动，那么，英王政府将认为有义务立即给波兰政府以全力支持……我还要补充说，法国政府已授权我明确表示，他们与英王政府采取同一立场。"英法的回复给波兰打了一针强心针，同时这也使希特勒大为恼火，他在办公室里发狂地走来走去，紧攥的拳头捶着大理石桌面，并破口大骂英国人，"要给他们点苦头尝尝，叫他们受不了。"

这一次，希特勒是说到做到了。4月3日，希特勒和最高统帅部下令制定代号为"白色方案"的对波兰作战计划，同时他指示下属："战备工作之进行，务必做到能在1939年9月1日以前的任何时间内发动军事行动。"

这份旨在灭亡波兰的"白色方案"是在极秘密的状态下进行的，为了保密甚至都没有打印，而只是复写了5张。4月11日，希特勒签署了这份"白色方案"。在

▲ 希特勒出席完慕尼黑会议后，耀武扬威地回到柏林。

▲ 张伯伦手执《慕尼黑协定》向民众大谈和平，孰知正是他推行的绥靖政策，差点葬送了英国的领土和主权。

▲ 德军陆军总司令布劳希奇（右）与陆军总参谋长哈尔德一起研究"白色方案"。

指令下发时，希特勒还要求："三军作战计划与详细的时间表，务须在1939年5月1日以前交送最高统帅部。"

"白色方案"指令如下：

一、鉴于波兰目前的态度，不仅需要使修改后的东部边界有安全保障，而且还需要进行军事准备，以便在必要时永远消除来自这一方向的各种威胁。

（一）政治上的前提和目的：

德国同波兰的关系仍然要遵循避免引起骚乱的原则。如果波兰改变其迄今基于同样原则的对德政策，转而采取对帝国进行威胁的态度，那么，同它进行最终清算就有可能势在必行。

那时要达到的目的是，粉碎波兰的防御力量，在东面造成一种能满足国防需要的态势。最迟在冲突开始时，宣布但泽共和国为德意志帝国的领土。

政治当局认为自己的任务是：在上述情况下必须尽可能地使波兰孤立，即把战争局限在波兰进行。

这种局面在不太远的将来就可能出现，因为法国的内部危机日益加剧，英国会因此而采取克制态度。

俄国的干预（它有能力这样做）很可能对波兰毫无益处，而仅仅意味着波兰被布尔什维主义吞并。

周边国家的态度如何，完全取决于德国的军事需要。

德国不能轻易地将匈牙利列为盟国。意大利的态度是由柏林－罗马轴心已经确定了的。

（二）军事上的结论：

建设德国国防军的伟大目标，仍然要视西方民主国家的敌对程度而定。"白色方案"仅仅是诸项准备工作的一个预防性的补充措施,决不能将它视为同西方对手进行军事冲突的先决条件。

越能成功地以突然、猛烈的打击开始战争,并迅速取得胜利,就越容易使波兰处于孤立地位,即使在战争爆发以后也是如此。

但是,整个局势要求在任何情况下都必须采取预防措施,以确保帝国西部边界和北海沿岸及其空域的安全。

在进军波兰时,要针对周边国家特别是立陶宛采取警戒措施。

(三)国防军的任务:

国防军的任务是歼灭波兰的军事力量。为达到此目的,必须做好准备,力求达成进攻的突然性。秘密的或公开的总动员,将尽可能推迟到进攻日的前一天才下令进行。

计划用于防守西部边界的兵力暂时不得另行调用。

对立陶宛须保持警惕,对其余边界只须进行监视。

(四)国防军各军种的任务:

1.陆军

在东线的作战目标是歼灭波兰陆军。为此,在南翼,可进入斯洛伐克地区。在北翼,应迅速在波莫瑞和东普鲁士之间建立联系。

必须做好开战的各项准备工作,以便以现有的部队也能发动进攻,而无需等待动员后组建的部队按计划开到后再行动。现有部队的荫蔽的进攻出发地区,可在进攻日之前予以规定。我保留对此事的决定权。

预定担负"西部边界掩护"任务的兵力是全部调往该处,还是留一部分作他用,将取决于波兰的局势。

2.海军

在波罗的海,海军担负下述任务:

①歼灭或者打垮波兰海军。

▲ 希特勒会见波兰外长贝克。

②封锁通往波兰海军基地（特别是格丁尼亚海军基地）的海上通道。开始进入波兰时，即宣布停泊在波兰港口和但泽的中立国家船只离开港口的期限。期限一过，即由海军采取封锁措施。

必须估计到，规定离港期限会给海战造成不利的影响。

③切断波兰同海外的贸易联系。

④掩护帝国——东普鲁士的海上通道。

⑤保护德国至瑞典和波罗的海沿岸诸国的海上交通线。

⑥尽可能以不引人注目的方式实施侦察和警戒，防止苏俄海军从芬兰湾进行干涉。应预先规定适当数量的海军兵力用于保卫北海海岸和濒陆海区。

▲ 1939年，英法军事代表团飞抵莫斯科商讨三国互惠谈判事宜。

在北海南部和斯卡格拉克海峡，须采取措施防止西方列强突然对冲突进行干预。采取的措施应局限在绝对必要的限度以内，务必保证不引人注目。关键是应避免采取可能会使西方列强的政治态度变得强硬起来的一切行动。

3.空军

空军必须对波兰实施突袭，而在西线则可只保留必不可少的兵力。

空军应在极短时间内歼灭波兰空军，此外，主要担负以下任务：

①干扰波兰的动员，阻止波兰陆军按计划开进。

②直接支援陆军，首先是支援已经越过边界的先头部队。

开战之前航空兵部队可能要向东普鲁士转场，但这不可危及达成突然性。

第一次飞越边境时，在时间上应与陆军的作战行动协调一致。

只有在给中立国家船只规定的离港期限（参见国防军各军种任务中海军的任务）过了之后，方可对格丁尼亚实施攻击。

对空防御的重点是施特廷、柏林和包括梅伦地区的奥斯特劳和布吕思在内的上西里西亚工业区的空域。

1939年5月23日，希特勒召集他手下所有主要的军事头领人物开了一次会。这次会是将先前提出的"白色方案"付诸实施的前兆。一段冗长的讲话后，希特勒切入了正题。他首先指出波兰是德国不得不消灭的敌人，这是因为"但泽问题根本不是争执的目标，问题的关键是要把我们的生存空间向东扩张，是要得到我们的粮食供应，是要解决波罗的海问题"。而这一次，德国要做好真正打一场战争的准备，因为"我们不能指望捷克事件会重演，我的任务就是要孤立波兰"。而对前面说到的英法两国对波兰的支持，希特勒分析说，法国"只不过是英国的追随者"，而英国"是反对德国的主力"，所以德国必须做好准备。

THE ATTACK ON
POLAND 二战经典战役全记录
闪击波兰

最后结尾时,希特勒这样说:

"我们不会被迫卷入一场战争,但是我们也将不能避免一场战争。"

会后,军事首脑们开始分头为"白色方案"进行准备工作。6月14日,第三集团军总司令勃拉斯科维兹将军发布了"白色方案"的详细计划,一星期后在凯特尔将军签发的一份命令中称:元首已经大致上批准了他收到的初步时间表。

希特勒这时还满怀希望地等待着外交上的另一个"慕尼黑"。而在以后几天中,欧洲各国外交部纷纷提出了各种和解、调停和公民投票的建议,而紧急关头的这些努力没有一个产生实际的效果。其时,德国将军们正提醒希特勒,只要再过一个月,便是无法在波兰平原上调动坦克的秋雨季节。于是"白色方案"即将启动。

作战计划已经有了,但是在希特勒看来,他还不能放手进行,因为还有一个苏联在,德国会尽量避免陷入两线同时作战的危险。而自从一战结束后,德国就和苏联有着一定的暧昧关系。很重要的一点是苏联不是协约国成员国,对苏联,德国并无执行和约的约定,同时苏联疆域辽阔,远离协约国的监视,很容易私下里搞些什么。1922年,德苏两国通过谈判签订了《拉巴洛条约》,两个本不可能成为伙伴的国家建立了商业和外交关系,德国曾经在苏联建立了两所秘密的军校,而苏联则对德国的武装军队的技术和经济援助很看重。

1939年,迫于当时的紧张局势,苏法英三国进行了一次互惠谈判,这令希特勒十分担心,如果这三方面一旦达成了某种程度的一致,即会使他的"白色方案"完全泡汤,因而希特勒开始更加主动地拉拢苏联。因此,德国政府一次次向苏联暗送秋波,希特勒也顾不上脸面,急急给斯大林写了一封长长的电报,声称"德国和波兰之间的紧张关系已经变得不可容忍了","不论哪一天都可以爆发危机,德国已经下定决心从现在起以在它支配下的一切手段来保护它的国家利益。"希特勒希望能够同苏联在8月23日左右达成一个互不侵犯条约。出于自身安全的考虑,斯大林同意了希特勒的这个要求。于是,在1939年8月23日上午,莫洛托夫和里宾特

▲ 德国外长里宾特洛甫代表德国和苏联签署互不侵犯条约，其身后为斯大林和苏联外交部长莫洛托夫。

洛甫分别代表本国，在《苏德互不侵犯条约》上签了字。

在这份条约里，德国人为了让苏联能够到9月1日前完成条约的签署，为苏联提供了许多优惠条件，而这里面最令人不可思议的是，这份条约还包括一个"秘密附属议定书"，在这个议定书里，规定德苏将按一定界限在波兰划分自己的势力范围。值得一提的是，就在这个《苏德互不侵犯条约》签定的同时，英法苏三国军事谈判的代表还正在莫斯科聚精会神地工作着。对于这项条约，英国后来的首相丘吉尔曾经评论：

只有两国的极权主义专制制度，才能坦然面对这样一个反对党的行动所引起的公愤。究竟是希特勒还是斯大林最厌恶它，这还是一个疑问。双方都知道它只能是一种权宜之计。这两个帝国和两种制度之间的对立是你死我活的。斯大林无疑是认为，希特勒同西方国家打过一年之后，对俄国来说，将会变成一个"不再是那么可怕的敌人"。希特勒则是采用了他的"一个时候对付一个"的办法。这样一项协定居然能搞成功，这件事本身就表明，几年来英法两国的对外政策和外交的失败，已到了山穷水尽的地步。

事实上，也正是这样，英法之所以最近几年一直对希特勒的举动这么容忍，很大的程度上是因为他们极希望能够将希特勒的这股祸水向东引，希望德国能成为社会主义阵营的敌人。而这个条约的签定则使得这两国最近几年的努力化为泡沫。

这个条约签定后，希特勒掩饰不住自己的兴奋，他在一次高级陆军指挥官的会议上大谈他的战争理论：

在发动战争和进行战争时，是非问题是无关紧要的，紧要的是胜利。

心要狠，手要辣！

> 谁若是仔细想过这个世界的道理的话，谁就懂得它的意义就在于优胜劣败，弱肉强食。

在这次会议即将结束时，他下令将"白色方案"付诸实施，具体发动的时间定为1939年的8月26日凌晨4时30分，他宣布这个方案的目标是"波兰的有生力量"。然而，正当希特勒踌躇满志，默想着他的策略的成功和他即将给德意志帝国带来的荣耀时，国际形势突然又起了变化。国际反战力量的壮大及声势让希特勒不得不有所收敛。

1939年8月21日，英国首相张伯伦主持召开了内阁紧急会议，会议主要就当前德波之间的紧张局势进行了讨论，决定英国是否履行对波兰承担的义务，并颁布各种有关部分动员和国内防御的措施。在随后召开的议会上，工党和自由党的领袖都重申了他们反抗侵略的决心。迫于战争的威胁，英波越走越近，终于，1939年8月25日下午17时，《英波互助同盟条约》在伦敦签署。在德国，当里宾特洛甫急匆匆地赶到总理府将这一消息告诉希特勒时，希特勒大吃一惊。在此之前，他接到了来自意大利的另一条让他丧气的消息，墨索里尼背信，表示如果德国对波兰发动战争并且引起盟国的关注的话，意大利将可能不会介入。于是，希特勒已经发动的战争机器不得不停了下来。

而在德波前线，接到发动入侵指令的部分先头部队已经开始了动作，渗入到波兰境内的一级突击队大队长赫尔维格已无法得到消息了。他按计划率部队冲向海关站，并开了火。就此而言，德国已经处在一个骑虎难下的尴尬局面。若战，敌方我方盟友态度尚不明晰，若罢，整个德国军队已经蓄势待发。即便是收到了希特勒停止进攻的命令，他们仍然有所疑惑，有的前线指挥官不得不向总指挥部请求是否真的停止进攻，比如"特命空军指挥官代第十集团军司令询问，停止进攻的命令是否适用于第十集团军。"而他们得到的是肯定的答复。

刚刚发动的战争就这么硬生生停了下来。

▲ 德军步兵向波兰前线开进。

THE ATTACK ON POLAND
二战经典战役全记录
闪击波兰

如果有人认为德国至此为止,那他就实在低估了希特勒。

面对波兰和英国已经缔结的条约,希特勒不得不有所顾忌,但是已经举起的魔刀不会轻易放下。

如果直接侵略会引起国际公愤的话,那么要是能找到合适的理由呢?

在暂时停止了对波兰的"白色方案"后,德国开始了强大的宣传战,其实在德国这样的宣传一直在进行,只是从前是面向国内而已。

20世纪30年代末,世界各国都觉得自己可能会受到德国的伤害,而在德国,人们相信的恰恰是相反的事实。一位在这时到过德国的外国人曾经这样写道:

"在德国,纳粹报纸正在叫嚷的是:'扰乱欧洲和平的是波兰,是波兰在以武装入侵威胁德国'。"

"你也许会问德国人民不可能相信这些谎言吧?你就去和他们谈谈吧。很多人是这么相信的。"

临近战争,这种宣传到了几近疯狂的程度。

8月26日《柏林日报》的标题是:"波兰完全陷入骚乱之中——日耳曼人家庭在逃亡——波兰军队推进到德国国境边缘!"而另一份《人民观察家报》则在头版头条,用头号大字印着这样触目惊心的标题:"波兰全境均处于战争狂热中!150万人已经动员!军队源源运往边境!上西里西亚陷入混乱!"

与报界的这种疯狂相同步的,是希特勒手下顾问在起草的将要发给波兰的文书。如果说前几次希特勒提出来的要求无理的话,那么这次的要求波兰根本就无法实现,因为如果波兰一旦答应了德国的这些要求,那么德国不通过战争也能完成对波兰的占领,如果波兰拒绝了这些要求的话,那么德国也就可以出兵了。而且,就希特勒而言,他对波兰的反应已经不太在意了,他需要的是一场战争。

战争需要的是一个直接的理由,而这一次,希特勒又很快找到了,希特勒是不怕说谎的。

"不要犹豫了,我的将军!我已命令国防军统帅部为你提供足够的波兰军队的制服！"希特勒斩钉截铁地对海德里希讲，言谈举止间流露出他那种特有的、不达目的誓不罢休的狂妄。

没有比这再明确的了。海德里希岂敢怠慢，他心领神会，立即起身告辞。

于是一场名为"希姆莱计划"的行动开始了。

1939年8月31日中午，在海德里希的亲自布置下，纳粹集中营里拉出了十几名死囚，他们个个都进行了化装，全都穿上了波兰的军服，并配备了波兰式的武器。德国中央保安局长海德里希亲自为这支队伍壮行。"你们对国家犯有不可饶恕的罪行，但是，我给你们带来了戴罪立功的机会！"海德里希慢吞吞地说道。

接下来，由一小队党卫队小队身着便装，将这一批"波兰"军人拉到一处距离波德边境16公里的树林里杀死，他们保留了一名死囚，然后由身着波兰军服的党卫队员阿尔弗雷德·赫尔莫特·瑙约克斯带领小队押着幸存的死囚，冲到靠近波兰附近的格莱维茨电台。在那里，他们占领了电视台，然后由一名会讲波兰语的德国士兵念了一个事先草拟好的提纲，其中充满了煽动性的反德言论，最主要的是宣布波兰已经对德发动了进攻，然后他们打死了那名死囚，开了几枪后离开了那里。

就在同一时刻，在德国克罗伊堡北面的边界林区城市皮琴的森林管理所，在格雷威茨和拉蒂波尔之间地段的德国霍赫林登海关，由党卫军伪装起来的"波兰人"同时发动了进攻。

纳粹吹鼓手戈培尔的手下，立即对各个战斗现场进行了拍照。按照事先的预谋，翌日的德国各大报纸，全都刊登了"波兰人"进攻德国的大幅照片。

战后，据当时的纳粹谍报局拉豪森将军供述，所有参加制造格莱维茨电台"波兰"进攻事件的穿着波兰军服的党卫队人员，全部被干掉了。侵略者不仅对敌人凶狠，对自己人也是一样。

第 3 章

CHAPTER THREE

鹰的攻击

"到9月3日，我们对敌人已经形成了合围之势——当前的敌军都被包围在希维兹以北和格劳顿兹以西的森林地区里面。波兰的骑兵，因为不懂得我们坦克的性能，结果遭到了极大的损失。有一个波兰炮兵团正向维斯托拉方向行动，途中为我们的坦克所追上，全部被歼灭，只有两门炮有过发射的机会。"

☆ "一号作战指令"

1939年9月1日,历史永远不会忘记这一天。

这一天,希特勒起得特别早,并且穿上了那件他成为元首后不常穿的褐色军装,左臂上戴上了党卫队的袖箍,小胡子修剪得整整齐齐,头发也梳得溜光,胸前那枚在一战时获得的铁十字勋章特别扎眼。

不久,扩音喇叭里传出了他在帝国会议上那声嘶力竭但又极富鼓动性的声音:

> 昨天晚间,波兰的正规军已经对我们的领土发起了第一次进攻。
> 为了制止这种疯狂行为,我别无他策,此后只有以武力对付武力。
> 我又穿上了这身对我说来最为神圣、最为宝贵的军服。在取得最后胜利以前,我决不脱下这身衣服,要不然就以身殉国。

显然,希特勒对昨天晚上由党卫队制造的"波兰进攻"事件十分满意,说谎,是他的政治手腕中最为有力的一招之一。在他看来,现在是向波兰、向全世界宣战的时候了。

其实,这时候英国已经从其他渠道得知了德国将要进攻波兰的消息。一位在谍报局的英国间谍秘密复制了一份希特勒8月2日的讲话,并通过反对派青年领袖赫尔曼·马斯,转交给"美联社"驻柏林办事处负责人路易斯·皮·洛克纳,尔后转送给英国大使馆。因此,英国政府在8月25日下午已经知道了希特勒制造边境事件,进而向波兰宣战的消息。而英国政府并没有履行自己所签定的条约。

希特勒在和军队高级将领商议后,仍决定进攻波兰,时间定在9月1日4时45

分。希特勒决心破釜沉舟，不惜冒与英法发生大战的风险，下达了第一号作战指令。

"一号作战令"：

国防军最高司令

国防军统帅部/指挥

参谋部/国防处一组

1939年第170号绝密文件

只传达到军官

柏林
1939年8月31日

第一号作战指令

一、通过和平方式消除东部边境德国不能容忍的局势的一切政治可能性既已告罄，我已决定用武力解决。

二、对波兰的进攻应按照为"白色方案"所作的准备工作进行，但陆军方面由于现在几乎完成了集结，因此有所变更。任务区分和作战目标未变。

进攻时间：1939年9月1日4时45分。

与此同时，也对格丁尼亚——但泽湾和迪绍大桥采取行动。

三、在西线，重要的是，让英国和法国单方面承担首开战端的责任。对于侵犯边界的小规模活动，暂时仅以局部行动对付之。

对荷兰、比利时、卢森堡和瑞士的中立，我们曾经给予保证，必须认真予以尊重。

没有我的明确同意，不得在陆地上的任何一个地点越过德国西部边界。

这也同样适用于海洋上的一切战争的或可解释为战争的行动。

▲ 希特勒与布劳希奇（右一）、哈尔德（右二）一起研究作战计划。

空军的防御措施，目前仅局限于无条件地拦阻敌人对帝国边境进行空袭。在拦击单机和小编队敌机时，应尽可能长时间地尊重中立国家的边界。只有在法国和英国出动强大攻击编队飞越中立国家领空进攻德国，西部的对空防御不再有保障时，方可在中立地区的上空实施拦截。

应将西方敌对国家侵犯第三国中立地位的情况，毫不迟延地报告国防军统帅部。这至关重要。

四、如果英国和法国对德国开战，国防军西线部队的任务是，在尽可能保存实力的情况下，为胜利结束对波作战创造前提条件。在此任务范围内，应尽可能地消耗敌人的武装力量和敌人的军事经济资源。无论在任何情况下，只有我才有权下达开始进攻的命令。

陆军应坚守西线壁垒，并做好准备，以阻止（西方列强在侵犯比利时或荷兰领土的情况下）从北面包抄西线壁垒。如果法军进入卢森堡，则可炸毁边界上的桥梁。

海军应重点对英国进行经济战。为了增大效果，可考虑宣布危险区。海军总司令部应提出报告，说明哪些海域适于宣布为危险区以及危险区的范围以多大为宜。关于公告的文本可与外交部协商拟订，然后呈报国防军统帅部，由我批准。

必须防止敌人进入波罗的海。为达此目的，是否以水雷封锁波罗的海通道，由海军总司令决定。

空军的首要任务是，防止法国和英国空军攻击德国陆军和德国的生存空间。

在对英国作战时，应准备用空军破坏英国的海上补给线，摧毁其军备工业，并防止其向法国运送军队。必须抓住有利战机，对密集的英国舰队，特别是战列舰和航空母舰，实施有效的攻击。至于对伦敦的攻击，则须由我决定。

为做好攻击英国本土的准备工作，必须切记，在任何情况下，都必须避免以不充足的兵力取得不完全的胜利。

（签字）阿道夫·希特勒

希特勒这一关系人类社会命运的决定，是在 8 月 31 日上午做出的。在此之前，帝国元首一直处于焦躁不安的煎熬中，在纳粹陆军参谋长哈尔德的日记中记载道：

下午 6 时 45 分，冯·布劳希奇将军的副官库特·西瓦尔特中校给我送来一个通知，通知上写着：作好一切准备，以便能够在 9 月 1 日拂晓 4 时 30 分发动进攻。如果由于伦敦的谈判而需要推迟，则改在 9 月 2 日发动进攻。果然改期，我们将在明天下午3点以前接到通知……元首说，不是9月1日就是9月2日。

希特勒向来是善于决断的，这一次也是如此。上午，他同布劳希奇和凯特尔开了一个短会，赶在午饭前作出了战争的选择。当在一号作战指令上签完字后，他如释重负，并怀着无比的快感，享受了午餐。

战争发动者的心情和战争中受侮辱和压迫的人的心情永远不会有相同之处。

8月31日，希特勒发布了向波兰进军的最后命令。同时，他发表了所谓相当有节制的16点建议要求波兰政府考虑，这16点建议是仅供记录在案用的。在建议送到华沙之前，希特勒就宣布它遭到了拒绝，他企图利用这一欺骗手法来证明这时已发生的对波兰的猛攻是有理的。

几分钟后，波兰人便第一次尝到了人类历史上规模最大的来自空中的突然死亡与毁灭的滋味。边境上万炮齐鸣，炮弹如雨般倾泻到波军阵地上。

呜呼，波兰！

☆ 闪击！闪击！

按照希特勒的要求，德军统帅部计划以快速兵团和强大的空军，实施突然袭击，闪电般地摧毁波军防线，占领波兰西部和南部工业区，继而长驱直入波兰腹地，围歼各个孤立的波兰军团，力求在半个月内结束战争，然后回师增援可能遭到英法进攻的西线。

德军轰炸机群呼啸着向波兰境内飞去，目标是波兰的部队、军火库、机场、铁路、公路和桥梁。强大的德国空军，不仅在数量上居欧洲之首，而且在作战飞机的性能上也遥遥领先于其他国家。纳粹军队在首次作战中就投入2,000多架飞机,对波兰境内的21个机场进行空袭,多架波兰的第一线飞机没有来得及起飞就被德国的轰炸机炸毁了。

德国法西斯在轰炸机场的同时,又以大量的轰炸机密集突击波兰的战略中心、交通枢纽和指挥机构。由于波军大部分部署在边境地区,纵深兵力很少,对德军使用大量航空兵对纵深要地实施闪电般的空中袭击茫然无知,没有任何对空防御准备。结果德军飞机如入无人之境,可以自由地飞来飞去,想炸哪儿就炸哪儿。许多飞行员甚至像过节日放鞭炮一样,投下炸弹,急急忙忙返航装弹,又起飞轰炸下一个目标。

不过,即便德国空军在空袭时未遇有力抵抗,但空袭并未取得德国军队先前所想像的那样完全压倒对方的决定性成果。首先,波兰北部上空一直弥漫着浓雾,能见度极差,从而抑制了德军对华沙的大规模空袭,使得飞行员无法随心所欲地搜索地面目标。因而直到早晨6时,整个第一航空队从基地起飞的才有4个战斗机大队。上午又增加了两个大队,他们好歹能发现目标就已满足了。不得已,空军司令戈林打了退堂鼓,他迅速给各航空队发出了"今天不实施'海岸作战'计划"的电报。所谓"海岸作战"计划,乃是各航空团于当天下午集中攻击波兰首都华沙事前约定的暗语。因天气变化,华沙上空200米以上全是云层,云下的能见度不到1公里。

当时的空军各大队和各团都在东部的出击基地集结待命,这倒是事实。加满油、装好炸弹的飞机虽说不是几千架,但可装载炸弹的飞机也有897架,还有大体和此数相当的驱逐机、战斗机和侦察机。他们全部了解自己的作战目标,并都有精确的地图,这些也都是事实。但他们都没有进行大规模的攻击。至少9月1日清晨是这样,因为大雾使得大规模攻击没能实施。这也许可以说是第二次世界大战中的一个典型战例吧。花费了几个月的时间,制定了一个动用大量人力物力的计划,几百名参谋军官全力以赴地部署了每一个细节,执行这个计划的数千人都在集结待

▲ 德军飞机正在轰炸波兰机场

▲ 德军一支摩托化部队正在进攻途中，指挥官用望远镜观察战场情况。

▲ 德军飞机对波兰华沙狂轰滥炸，地面上火光四起。

命。然而最后，却因天气不好而不得不从头搞起。在接下来的几天也是这样，浓雾天气反复无常，可是一俟天气晴朗，德国空军就会发起他们闪电式的攻击。

而在波兰的南方，天气却异常晴朗。在南部的第10集团军战线不远的前方，德国空军投下了第一批装有触发引信的小型炸弹。炸弹在地面爆炸，发出沉闷的爆炸声。潘基村周围随即被烈火吞没。这场攻击，从里希特霍芬的战斗指挥部里可以看得一清二楚。随后，著名的战斗机飞行员阿道夫·加兰德中尉的第2中队又进入第1中队的攻击航线进行轮番攻击。尔后，他们3架飞机一组擦着树梢低空飞行，用机枪不断扫射波军阵地。波兰的地面防空武器开始反击了，爆炸声里出现了轻型高炮的射击声，接着，步兵火器也开火了。战斗打得很激烈。强击机走了又来，不断地进行攻击。

德国空军搜索着地面的目标，希望能完全消灭波兰的飞机，但是波兰人已经提前把他们的很多飞机转移到辅助机场跑道上，而且剩下的飞机也勇敢地冲向天空，波兰飞行员的顽强抵抗使得德国的轰炸机付出了一定的代价，但是，这根本不能减缓德军的猛烈攻势。

实际上，波兰的飞机和高射炮击落了超过70架德国的轰炸机，这证明，德国的轰炸机在防卫武器方面是存在缺陷的，当时的亨克尔轰炸机上的3部机枪就连防御波兰的轻型武装飞机也不够用。但是，德国空军在数量、通讯和战术安排上与波兰空军相比，则占尽优势。在当时得以起飞并对德军加以还击的波兰飞行员尽管很英勇，但是却只能进行局部的反击。据德国的低空侦察机报告，波兰的轻型防空武器和小型炮火的威力还是相当强的，但是只要德国空军保持在一定高度飞行，这些设施便只有等待被摧毁的命运。

9月1日拂晓，对潘基村进行的这次空袭，是第二次世界大战中德国空军首次对地面部队实施的直接支援。当天晚上，德国最高统帅部在空军战果中加上了这样一条："……几个强击机航空团有效地支援了陆军的进攻。"

除了炸毁波兰空军及其主要军事设施以外，德国的轰炸机还直接对波兰的地面

THE ATTACK ON
POLAND 二战经典战役全记录
闪击波兰

部队进行了空对地式的打击。

就在这天中午,波兰上空的能见度依然不好,但是德军的侦察机回来报告说:已侦察到波兰骑兵部队正在十六军左翼前方的维卢尼附近大量集结。此外,在琴斯托霍瓦以北,沿瓦尔塔河的贾洛申附近,也发现了敌人队伍,并证实在兹杜尼斯卡·伏拉铁路线上也正在向同一个地点运兵。是需要俯冲轰炸机的时候了。第二俯冲轰炸航空团一大队的指挥所和营房,座落在沃波累附近的施泰因山上。

12时50分,前导的三机组起飞了。不久,大队飞机也相继起飞,取得高度后向东飞去。雾霭中浮现出一座较大的城镇,这一定是维卢尼了。进攻的飞行员全神贯注地搜索着那些微小的地点,注视着攻击的目标。村子的四周冒着黑烟,村子里大路两旁有几所房子正在燃烧。

从飞机上看,这条公路虽然窄小,但清晰可见,那宛如小青虫一样蠕动着的正是波兰的部队。

空对地的进攻开始了! 轰炸机开始以一定的角度向地面俯冲了,目标随着飞机的下降越来越大。那已经不再是蠕动的蚂蚁,而是车辆、人群和马匹。俯冲轰炸机对付骑兵,就像不同世纪的两军相交一样,地面上顿时一片混乱。骑兵们企图向辽阔的平原撤退,他们如受惊的蚂蚁躲避着巨人的脚掌。

德国轰炸机瞄准公路,在1,200米的高度,按下驾驶杆上的投弹按钮。容克飞机抖动了一下,炸弹离开机身直冲地面飞去。然后,飞机作了个转弯动作,接着又继续爬高。这是一种摆脱对空炮火的动作。往下看,只见炸弹正好落到公路两旁,黑色烟柱冲天而起。接着又一批俯冲轰炸机群扑向目标。有30多颗炸弹相继爆炸。机长们拼命地爬高,钻出了对空火力网,在高空为准备再次攻击重新集合。

第二个目标是维卢尼北门。德军发现一所房屋很像敌人的前线指挥所,周围全是士兵,部队组成一个大方块队形。这一次把作前导的三机组也集中到大队一起进行攻击。从1,200米高度开始下降,然后压坡度,继续向下俯冲到800米,投弹。浓烟烈火立即吞没了地面,掩盖了惨象。

▲ 德军轰炸机正向下俯冲准备攻击。

炸弹像雨点般地飞向队形密集的波兰骑兵旅，打得该旅溃不成军，完全丧失了战斗力。残散的部队向东溃逃。直到傍晚，他们才在离遭遇空袭地点几公里外的一个地方汇集成几股小部队。也就在这天傍晚，德军占领了波兰国境线上的要地维卢尼。

这次作战，空军确实在支援地面作战中起到了决定性的作用。在开战的第一天取得这样的战绩是很了不起的，这是在首先完成打击波兰空军任务之后的又一战果。

而在这一天，对波兰首都华沙的打击，也终于提上了日程。

华沙不仅是波兰全国的政治、军事中心，一个重要的交通枢纽，而且还是一个拥有好几家飞机和发动机工厂的飞机制造业中心。因此，要给波军以毁灭性的打击，就必须首先打击华沙。

上午，德国的飞机从东普鲁士州撒姆兰的波温登出击，袭击了华沙的奥肯切机场。地面的能见度虽然坏得惊人，但还是有几颗炸弹命中了国营PZL工厂。这个工厂是波兰生产战斗机和轰炸机的基地。此后，为了等待好天气，德军待命了好长时间。第二十七轰炸航空团的出击时间一个小时又一个小时地拖延着。终于，在13

▲ 华沙的一家煤气厂遭德空军袭击后燃起大火。

时25分，柏林下达了出击命令。

17时30分，3个大队的飞机飞到华沙上空。这里紧张得连喘息的机会都没有。从东普鲁士飞来的第一飞行训练团刚刚在两三分钟前轰炸完华沙的奥肯切、科克拉夫和莫科托夫3个机场。而维尔纳·霍茨尔上尉的第一俯冲轰炸航空团一大队袭击了巴比索和拉茨两座无线电台，以便阻止暗语命令的传送。

在这里，波兰空军终于出来迎战，第二次世界大战中的首次空战在华沙上空展开。波兰"驱逐旅"指派担任华沙防空任务的帕韦利科夫斯基上尉率领两个战斗机中队，大约30架飞机出战。担任德国轰炸机护航任务的第一飞行训练团一大队的驱逐机立刻迎击。

负责指挥的施莱夫上尉发现在离他很远的下方有一架波兰战斗机正在盘旋上升。于是，他作了一个下滑动作向敌机攻击，但波兰战斗机巧妙地避开了。有一架德机好像发生了故障，正在低速脱离战场。波兰飞机立即把它咬住。然而，这架眼睁睁将成为牺牲品的飞机，却把尾后的波兰飞机引来交给了迅速赶来的战友。施莱夫的瞄准这架波兰飞机，机枪猛烈开火，终于击落了这架飞机。

这类诱饵战术用了多次。结果，用这种战术几分钟内就击落了5架敌机。以后，波兰飞机就不再上当了，而德机也不得不赶紧返航。

两天后的9月3日，在华沙上空又进行了一场空战。这次迎战的飞机大约也有30架。第一飞行训练团驱逐机大队又击落了5架波兰飞机，德方损失一架。后来，该大队共击落波兰飞机28架，在波兰战役中获得德国战斗机"特等功勋部队"的称号。

虽因天气不佳耽误了一些时间，但在开战的第一天，德国空军一大队共出动了30次，其中17次袭击了波军空军地面设施，如机场、机库、修理厂等。此外，支援地面部队8次，袭击波军海军5次。在地面炸毁波兰飞机约30架，空中击落9架。德军损失14架，大部分是被波军准确的高射炮击中的。

德军在第一天突袭的打击力度远远超过了波兰人所能想像的程度。德国的轰炸

THE ATTACK ON
POLAND 二战经典战役全记录
闪击波兰

机投下成千上万颗铝制和镁制燃烧弹,这种东西一旦击中地面目标即会燃起强烈的火焰。另一种具大规模杀伤力的则是亨克尔轰炸机携带的重达50公斤的高爆炸弹,这种多用途炸弹可以用来炸毁建筑物,还可以在炸断铁路的同时留下深深的弹坑。

德国的俯冲轰炸机在这次进攻中成为"会飞行的炮兵",可以在进攻的坦克前面俯冲摧毁敌人的要塞,切断敌人的补给线。由战斗机护航的亨克尔和道尼尔飞机使波兰的陆军陷于半瘫痪状态,增援部队、补给和弹药往往还没有抵达前线即被消灭掉了。而由梅塞施密特110战斗机护航的轰炸机则摧毁了波兰的铁路系统,将近100万响应波兰政府的动员令而集结的士兵阻塞在铁路线上。

在波兰境内,无数的工厂、学校、商店、军营被炸毁,30多个城镇发生大火。空袭,使美丽的波兰瞬间变得百孔千疮,一片狼藉。无数人被炸死,更多的人流离失所,无家可归。

与德国人当初的想法并不一样,波兰空军没有在第一天即被完全打垮,而是尽其所能进行全力反击。保卫华沙的战斗机一直持续抵抗了3天,还有一些波兰的巡逻战斗机直接飞过了西里西亚和波希米亚-摩拉维亚去轰炸东普鲁士。但是9月3日以后,波兰空军面临着全面瓦解的结局,此后,德国的轰炸机开始没有任何阻碍地横扫整个波兰上空。

☆ "开始北京行动"

9月1日凌晨4时17分,停泊在但泽港的德国海军虽陈旧却仍有战斗力的"石勒苏益格-荷尔斯泰因"号战列舰,以主炮向波兰但泽湾畔的韦斯特普拉特军需库猛烈开火。

当剧烈的爆炸声把波兰守军从酣睡之中震醒时,德军特种攻击部队已经蜂拥而

▲ 德海军战列舰"石勒苏益格·荷尔斯泰因"号上的舰炮正向波军战略目标射击。

来。战火映红了海面,这比德国地面部队入侵波兰的行动提前了28分钟。此后一个多月里,隆隆的炮声一直持续着,硝烟弥漫在这片曾经宁静的海洋上。

德军海军选在但泽开战是早有预谋的。

第一次世界大战德国战败后,被迫割让大片土地。但泽是波兰北方的波罗的海出海口,1793年被普鲁士侵占,第一次世界大战后划为自由市,组织自治政府,经济上处在波兰支配之下,宗主权也属于波兰。通往波罗的海的"波兰走廊"将原本连成一片的德国领土分成了两块,位于"走廊"之东的东普鲁士成了远离德国本土的"孤岛"。这激起了日耳曼民族主义分子的怨恨。因此,消灭波兰人,重新夺回德意志帝国的入海口,是纳粹志在必得的事。

1939年,德国军队开入布拉格。波希米西和摩拉维亚被宣布为德国的保护国,斯洛伐克也被置于德国的保护之下。同时,希特勒还允许匈牙利入侵、并吞东部的卢西尼亚。肢解了捷克斯洛伐克,德国随即要求波兰归还但泽并解决"波兰走廊"

THE ATTACK ON
POLAND 二战经典战役全记录
闪击波兰

问题，要求波兰把但泽"归还"给德国，同时还要建造一条超级公路和一条双轨铁路经过"波兰走廊"，把德国同但泽及东普鲁士连接起来，遭到波兰的拒绝。这使得希特勒极为恼火，因而在制定打击波兰的"白色方案"时，希特勒即提出了"歼灭或者打垮波兰海军"的作战计划。

韦斯特普拉特是个位于但泽以北6公里的古老城堡，波兰人在那里有一处军事设施。

德国早在战前的若干天即在但泽打好了埋伏。

8月25日，德国海军"石勒苏益格－荷尔斯泰因"号老式战列舰以"纪念一战阵亡将士"为名，对但泽自由市进行"友好访问"。但是舰长克雷坎普上校心里很明白此行的真正使命。

在发自海军总司令雷德尔海军上将的指示上写道："在'白色方案'开始后，摧毁波兰海军；封锁波兰海岸，堵塞其港口，破坏波兰的海上航运；确保德国的海上安全。"德国海军东部战区司令、海军作战部长阿尔布雷赫特海军上将指示克雷坎普将其军舰停泊在但泽市北边郊区、韦斯特普拉特要塞附近的有利位置，等待开战时刻的到来。

或许读者不会相信，但波兰海军在二战爆发前夕的确做出了舰船集体逃亡的决定。

在战争爆发前夕，波兰和德国的海军力量对比十分悬殊。德国海军当时拥有2艘战列巡洋舰、2艘旧式战列舰、3艘袖珍战列舰、8艘巡洋舰、17艘驱逐舰、20艘鱼雷艇和57艘潜艇。而且在德国扼守波罗的海的出口、并拥有南岸绝大部分海岸线的情况下，波兰海军的舰船根本无法在与占压倒性优势的德国海军交战时幸存。为了保存实力，波兰海军部长斯维尔斯基海军上将准备在战争爆发的前夜，下令海军的主力舰船前往英国和法国避难。英国海军部代表劳伦斯海军上校也向波兰提出了前往英国基地的建议。波兰舰船的逃亡计划取名为"北京行动"。

就在战争爆发的前两天，1939年8月30日，波兰海军总司令约瑟夫·乌恩鲁

FULL RECORDS OF CLASSIC CAMPAIGNS IN WORLD WAR II

格接到了华沙海军部发来的绝密电报：

开始北京行动。

当天凌晨2时30分，"暴风雪"号、"雷霆"号和"闪电"号驱逐舰秘密驶出格丁尼亚海军基地，前往海尔基地的碇泊处。当天黄昏，这三艘驱逐舰结伴而行，高速冲出波罗的海，当天午夜向波兰海军部发去电报："我们正在穿越卡特加特海峡"。德国的潜艇在波罗的海发现了这三艘驱逐舰，但是没有发动攻击——此时战争尚未爆发。这三艘驱逐舰在31日抵达苏格兰的利思海军基地。在此之前几天，波兰海军的一艘训练舰和一条帆船也启程前往英国避难。

波兰军方这样的做法本身是出于避免正面碰撞，保存实力的考虑，但这种做法却使得波兰海军的实力大打折扣，从一开始即处于劣势。

此时波兰驻扎在韦斯特普拉特要塞的是隶属于波兰第209步兵团的182名士兵，拥有1门75毫米炮，2门37毫米炮，4门81毫米迫击炮和22挺重机枪。与之相比，德国方面要远胜过波兰，他们至少有4门280毫米炮、10门150毫米炮和4门88毫米炮。

德国方面开火后，要塞的波兰守军同德军展开了激烈战斗。此后，又有18架德国轰炸机摧毁了波兰海空军基地普克，摧毁了基地内的设施和全部水上飞机，只有一架意制水上轰炸机逃脱，但在10天后也被德国空军击落。在德国空军的袭击下，格丁尼亚海军基地和海尔基地的所有舰只全部疏散到海上，只有老式炮舰"马祖尔"号和"努雷克"号留在格丁尼亚，用它们的5门75毫米炮支援但泽地区的波兰卫戍部队。

应该指出的是，当时的但泽是国际联盟管辖下的自由市，市内驻防人员少得可怜。为了攻占要塞，德国人除了"石勒苏益格－荷尔斯泰因"号战列舰上的280毫米和150毫米炮之外，还调来了210毫米榴弹炮、105毫米加农炮和空中支援。当

THE ATTACK ON POLAND 二战经典战役全记录
闪击波兰

时波军留给韦斯特普拉特要塞仅有的100多名波兰驻军的指示是：在进行12小时象征性的抵抗之后，可以选择体面地投降。但是波兰守军却借助要塞的巨石原木工事，进行了顽强抵抗。

在战斗中，他们多次击退了德国的地面进攻，1/3的战士受伤，16人阵亡。德国方面则付出了20倍于波兰人的代价，但是他们依然没有得手。这里的波兰驻军一直坚持到9月7日，即开战的第七天，那时继续抵抗已经变得毫无意义，指挥官苏卡尔斯基下令宣布投降。而韦斯特普拉特要塞在战后成了波兰的国家圣地，被后人瞻仰。

☆ 坦克，向波兰推进

就在德国海军发动攻击之后不久，德军地面部队便从北、西、西南三面发起了全线进攻。德军借着由海军和空军发起的打击，趁势以装甲部队和摩托化部队为前导，很快从几个主要地段突破了波军防线。

就在德国空军对波兰纵深机场和要地进行猛烈炮火攻击的掩护下，德国的地面部队迅速突破波军的防线，向波兰纵深推进。德军的3,800多辆坦克，在其他兵种配合下，势如破竹，锐不可当，以每天80～97公里的速度向波兰境内纵横驰骋。这是人类战争史上第一次机械化部队的大进军。

战前，按照希特勒的要求，德军统帅部计划以快速兵团和强大的空军实施突然袭击，闪电般摧毁波军防线，占领波兰西部和南部工业区，继而长驱直入波兰腹地，围歼各个孤立的波兰军团，力求在半个月内结束战争，然后回师增援可能遭到英法进攻的西线。

在波美拉尼亚和东普鲁士集结了由21个师编成的北方集团军群，由陆军一级

▲ 德军坦克部队正通过波兰的乡村。

▲ 正在波兰境内集结的德军坦克。

▲ 古德里安在行进途中接受布劳希奇的最新命令。

▲ 波兰境内：德军第19装甲军军长古德里安正走向他的指挥车。

上将博克指挥，下辖屈希勒中将第3集团军和克鲁格上将的第4集团军，共5个步兵军和1个装甲军。其任务是首先切断"波兰走廊"，彻底围歼集结在这里的波军集团，而后从东普鲁士南下，从背面攻击维斯瓦河上的波军，并从东北方向迂回包抄华沙。

在德国的西里西亚和捷克斯洛伐克境内展开由33个师编成的南方集团军群，由陆军一级上将伦德施泰特指挥，下辖布拉斯科维兹上将的第8集团军、赖歇瑙上将的第10集团军和利斯特上将的第14集团军，共8个步兵军和4个装甲军。其任务是首先歼灭西里西亚地区的波军集团，而后从西南方向迂回包抄华沙。

两个集团军群分别由第1航空队（司令官为A·凯塞林将军）和第4航空队（司令官为A·勒尔将军）实施支援。

在全长2,816公里长的波兰和德国国境线上，当装甲师隆隆驶向指定目标时，德国人的机关枪发出刺耳的嗒嗒声，和装甲机车运行时的轰鸣声混合在一起。与紧张的战争气氛相对应的，还有德国谈笑风生的士兵，他们不时停下来破坏障碍并协助当时帝国宣传队的摄影师推倒边界标识牌。

在北方，来自东普鲁士由屈希勒中将指挥的德国第3集团军，发动了两个方向的攻击，指派他的第1军和伍德里格军向南朝华沙方向猛攻，派他的第21军向西南"波兰走廊"底部方向猛攻。而由克鲁格上将的第4集团军最先支持机械化作战，他的第19军由海因兹·古德里安中将指挥，这个集团军向东突击，从波麦腊尼亚进入"走廊"。

在这场大进军中，第19军团古德里安中将成功地实践和运用了坦克机动作战，他本人也成为尽人皆知的"闪电英雄"。古德里安当时是德国装甲兵第19军团军长。在人类战争史上规模空前的机械化部队大进军中，古德里安成功地实践了他的装甲兵理论，率领第19装甲军团取得了辉煌的胜利。第19装甲军团隶属北路集团军群第4集团军，辖有1个装甲师、2个摩托化师和1个步兵师。它既是第4集团军的中路，又是集团军的攻击前锋。

THE ATTACK ON
POLAND 二战经典战役全记录
闪击波兰

古德里安的机械部队是一支极富战斗力的军队,由于上级在战术实施和后勤管理上都放权给古德里安,所以这支部队比其他部队表现出更强的战斗力。第19军团不受步兵拖沓的供给影响,因此它可以像一支完全独立的机械化部队那样行动,这样的部队在战争史上还是第一支。对古德里安来说,这样的部队是保持德国入侵势头的"撒手锏"。

如空袭受到北方恶劣天气的影响一样,这一次,北方集团军群的入侵也受到了天气的阻碍,步兵所得到的炮兵和空中支援没有太大的效果,这多少给第一次在炮火下作战的德国部队带来了混乱。古德里安坐在坦克师部队的一辆装甲车上,这或许是一个装甲军指挥官惟一能够发挥作用的地方。军长在战场上能够使用装甲指挥车,亲临一线与战车一同行动,这是古德里安的一个首创,而更为先进的是,古德里安的战车上都备有无线电设备,这样,这位军长就可以随时与其手下的各个师保持密切的联系。

由于能见度太差,以致时有误伤自己人的事情发生。而且当时的德方部队多是第一次参加战斗,尤其在执行闪击战术这样的新战术方面,先头部队也不是很在行,这也暴露出了当时几近不可一世的第三帝国部队的一些弱点。当时的第3集团军情报官冯·梅伦延曾记述道:

> 战役一开始,我才知道在真正的战争条件下,即使一个受过良好军事训练的人也会感受到激动和紧张。有一架低空飞行的飞机在战地司令部上空盘旋,每个士兵都顺手抓起武器朝这架飞机开火。一位空军联络官跑过来,要求停止射击,他对这些激动过头的士兵说,那是一架德国指挥飞机——一架老牌的'弗斯勒'式飞机。飞机着陆后,从里面走出了直接指挥我们的空军将领,而他并不感到这件事有什么好笑。

随着浓雾逐渐散去,德军加快了向波兰腹地推进的速度,开进了"波兰走廊"。

▲ 古德里安的装甲部队正穿过"波兰走廊"。

▲ 波兰军队在与德军的交火中伤亡惨重。

▲ 波兰骑兵奔赴前线作战。

第一场恶战发生在曾贝堡以北、大克罗尼亚附近的地区，德国战车与当时波兰防线上的武装人员直接遭遇，当时波兰的战防炮直接命中了好几辆德国战车，德国的1名军官，1个见习官和8名士兵当场阵亡。

突进的第一边境警卫军在北端切断了"走廊"。埃伯哈德旅，这个由党卫队和当地自卫队组成的部队，迅速占领了但泽，除了城市北部的韦斯特普拉特要塞外。第4集团军穿越"走廊"，进入较宽的底部以便切断波兰人撤退的路线并同时与第3集团军会合。而这时的第3集团军则直接向南穿过"走廊"向华沙突击，在东普鲁士边界附近的马拉瓦遭遇到一些波兰最坚固的防御工事，这是装备有反坦克武器的混凝土工事。在这里，第三集团军没有严格执行古德里安的学说，他们没有绕过这个城市迂回解决，而是企图直接冲过去，在遭受到极大的损失后，被迫停止了攻击。

在南方，主要的进攻是由当时的第10集团军来完成的，他们首先向东南朝华沙方向挺进。在第10集团军的左翼，第8集团军向罗兹突击。在他们的右翼，则有第14集团军沿着维斯瓦河向克拉科夫推进。那里天气晴朗，德国的空军可以大展身手，这就给予地面部队以部分的支持，在那里的闪击战几乎是以教科书式的精确程度进行的。装甲部队所做的只是绕过敌人的要塞并且继续前进，然后空中轰炸机呼啸着从空中冲下来轰炸地面的守卫者，随后地面部队迅速对晕头转向的守卫者发起进攻，不给敌方留一丝松口气的时间。在许多情况下，甚至在德国的坦克尚未抵达波方阵地以前，波方的后方防御已经被彻底击溃。进攻的当天下午，第10集团军的部队已经深入波兰24公里。在他们后面，派来维持被占领地区的德方人员也是闪击式地突入，边界自卫队和警察部队马上恢复了对后方地区的控制。

到了9月2日早上，德军的第4集团军的先头坦克部队，德军的精锐，古德里安的第19军，汽油和弹药全部耗尽，这确实令身在前线的士兵和军官大惊失色。可就在与他们交战的波兰人发现这个惊人的秘密之前，德国的支援纵队从混乱中拼死赶到，使得德军的装甲战车再次启动。第4集团军在这时封住了"走廊"的底部，

THE ATTACK ON POLAND 闪击波兰

二战经典战役全记录

完全包围了波麦腊尼亚军团的两个师和波莫尔斯卡骑兵旅。

这些被包围的波兰骑兵试图突围,但是在德国人的坦克和装甲车的打击下,他们都失败了。所有的人以自杀性的方式飞驰向德军的坦克,以一种英雄式的行动书写了波兰骑兵的不朽传奇。

在马拉瓦受阻的第3军团前线,肯普夫装甲师重新部署,并成功地从侧翼包抄到马拉瓦防线的南部,在此之前,德国第3集团军的先头部队遭到了莫德林军团的暂时阻拦。莫德林军团拥有强大的防御阵地,就是在这里,波兰军队连续抵抗了3天,直到从伍德里格军的部队突破了波兰军队在城东的环形防御圈。到了9月3日,波兰的莫德林军团不得不全线撤退,在他们身后,留下了1万多名波兰战俘。这时,负责其他地区军事行动的军队也被派给第3集团军,当该集团军向西进攻"波兰走廊"时,在维斯瓦河的一个城镇格罗坦兹遭遇到了波兰军队的猛烈袭击,在往北突进的过程中,德斯查河附近的一座大桥也被波兰军队拆毁。但是,德军很快就在工程兵搭建浮桥后,在维斯瓦河畔的梅威渡过了河。

太过迅速的推进对于德军来说并非完全是件好事,在部队军需补给上,在两线同时作战的防御上,德国面临着更大的压力。事实上,德国军方也认识到了这一点。战场局势的迅速改变要求德军采取新的战术,北方集团军的司令费多尔·冯·博克将军匆匆与陆军司令部的瓦尔特·冯·布劳希奇元帅进行商讨。他们最担心的就是如果装甲部队进展得太快,会使德国面临西线突发事件。但是经过一番思量后,布劳希奇还是批准派第4军团的第19军深入东波兰彻底消灭波军。

在南方,南方集团军在战争的头两三天内突破了波军的警戒线后,准备抢占胜利果实。原本在先头部队中间位置的第10集团军的机械化师,也开始绕过坚固的防守点和大批向华沙方向撤退的波兰步兵,全速前进。

在格·德·伦德施泰特将军的指挥下,德国南方的庞大集团军从西南越过波兰平原,以每天最多16公里的速度缓慢向华沙移动。第14军团的主体向克拉科夫推进,此时它由斯洛伐克部队扩编的第22军,穿过由精锐的波兰山地团把守的通

▲ 德军坦克突破波兰军队防线后，以每小时50~60公里的速度向波兰腹地突进。

道，从南面向克拉科夫进攻。

在中部，瓦尔特·冯·赖歇瑙中将指挥的第10军团的第4装甲师的坦克，冲破波兰顽强的抵抗。在他们的北方，约翰内斯·勃拉斯科维兹中将的第8军团的两个步兵军向罗兹推进。

让波兰高层指挥部门感到极为恐慌的是，德国坦克部队总能抢先在波兰溃败的军团之前推进，这使得波兰军方根本没有足够的时间来重新组织他们的部队进行有效的反击。实际上，在德军的追打之下，波兰开始处于惊慌和混乱的状态，根本没有时间搞清楚到底发生了什么事。斯图卡轰炸机在他们发起反攻前就炸散了他们的编队。此前，华沙波兰总司令部直接控制的7个军团的每一军团不受任何一级指挥干扰，现在总司令部已经同战地军队失去了联系。

THE ATTACK ON
POLAND 二战经典战役全记录
闪击波兰

波军原以为在其境内的诸条大河可以减缓德军前进的势头，但是他们没有想到，跟在德军的坦克部队后面的是战地工兵，他们的任务就是为德国的部队，特别是机械化部队的前进排除一切障碍。德军的工程兵几乎个个都是造桥的高手，波兰人炸毁一座桥梁，工程兵即能迅速地在河上搭建一座浮桥。德军的一名优秀工程兵，保罗·施特斯曼，每次部队需要渡河时，他都不得不赶在先头部队到达之前组织士兵架桥，而这种工程往往是在敌人的炮火下进行的。

保罗·施特斯曼在他的一本回忆战争的书中，这样记述了当时他们为军队搭建浮桥的情况：

> 我们带着木材，坐着橡皮艇前行，各式的枪炮向我们袭来。即使是我们自己人向隐蔽在树林或村庄里的残垣断壁中的波兰军队射击时，我们也感到十分恐惧。我们冲向河中央，用许多绳子捆缚住漂浮不定的树干和木排搭建浮桥。这时，炸弹、枪炮激起的尘土在我们的头顶上飞扬。在我们的步兵过河之后，我们又必须为坦克搭建一座更结实的桥。但当我们刚刚前行到深水域的时候，一挺机关枪向我们猛烈开火，离我最近的一个人被打死了。我看见他掉进水里，漂向远处，但我却无能为力……
>
> 过了一会儿，敌人的炮火逐渐减弱，我知道一定是我们的俯冲式飞机收拾了敌军。我们继续架桥，终于建好了一座能够让士兵通过的桥。我们刚刚放好最后一块木板，士兵们就冲上了桥，迅速过了河。就在那时，我朝四周一看，才发现我们的指挥官和其他几个人都不见了（在搭桥过程中牺牲了）。对我们这些战地工程兵来说，面对着敌军的猛烈进攻，建造一座浮桥是多么困难啊！

德军在突破波军防线后，以每天50～60公里的速度向波兰腹地突进。南路集团军群以赖歇瑙的第10集团军为中路主力，以利斯特的第14集团军为右翼，在左翼布拉斯科维兹的第8集团军掩护下,从西面和西南面向维斯瓦河中游挺进;北路集团军群以克鲁格的第4集团军为主力,向东直插"波兰走廊",另以屈希勒的第3集团军从东普鲁士向南直扑华沙及华沙后方的布格河。

9月3日,德军推进至维斯瓦河一线,完成了对"波兰走廊"地区波军波莫瑞集团军的合围。在围歼波军的作战中,被围的波军显然还不了解坦克的性能,以为坦克的装甲不过是些用锡板做成的伪装物,是用来吓唬人的。于是波兰骑兵蜂拥而上,用他们手中的马刀和长矛向德军的坦克发起猛攻。德军见状大吃一惊,但很快就清醒过来,毫不留情地用坦克炮和机枪向波军扫射,用履带碾压波军。波兰骑士想像中的战场决斗成为一场实力悬殊的屠杀。

古德里安坐在装甲指挥车里,指挥部队用坦克炮轰击对方的阵地,用履带碾压对方的人员,冲撞破坏对方的车辆。一队又一队的坦克,在古德里安的指挥下,不停地突进波军的阵地,挺进波军的纵深,很快对"波兰走廊"构成合围。"波兰走廊"是德国通向华沙的交通要道,占领"波兰走廊",华沙就失去了屏障,因而德军与波军在"波兰走廊"的战斗也异常激烈。

古德里安本人在《闪击英雄》一书中对当时的情景描述道:

> 到9月3日,我们对敌人已经形成了合围之势——当前的敌军都被包围在希维兹以北和格劳顿兹以西的森林地区里面。波兰的骑兵,因为不懂得我们坦克的性能,结果遭到了极大的损失。有一个波兰炮兵团正向维斯托拉方向行动,途中为我们的坦克所追上,全部被歼灭,只有两门炮有过发射的机会。波兰的步兵也死伤惨重。他们一部分架桥纵队在撤退中被捕获,其余全被歼灭。

9月5日,德国第4集团军和第3集团军在格鲁琼茨地区会师,切断了"波兰走廊"。至此,"波兰走廊"战役结束。

第4章

CHAPTER FOUR

羔羊的抵抗

"我们与装甲兵侦察连一起行动,边境上只有一个海关官员在防守。当我们的一个士兵走近他时,这个吓得半死的人打开了国界栅栏。我们没有遇到任何抵抗,就这样踏进了波兰国土。方圆数里,看不到一个波兰士兵的影子。尽管他们可能一直在为德国'入侵'做准备。"

☆ 波兰人的"西方计划"

曾经有一位英国的学者，对波兰政府的形象作过一个极具讽刺意味的比喻：波兰的传统政策，就是一只鹦鹉始终念念不忘想要吞下两只猫而又不能得逞的政策。这个位于波罗的海南岸的国家，虽然国家不大，建国时间也不长，但是却在其历史进程中屡遭洗劫。普鲁士、奥地利、沙俄先后在1772、1793和1795年对波兰进行瓜分。只是在最近的第一次世界大战后，才恢复了它的独立。

波兰在地理位置上恰好处于几个大国的包围中，这也是它屡次遭到瓜分的一个原因，在一战后，柏林和莫斯科，波兰人说不出哪一个更讨厌一些，因为这两个都是贪得无厌的强敌。按理说，在经过了四分五裂的屡次瓜分后，波兰人应该对此有所觉悟，可事实上自从它得以在一战后复国后，即同3个周边国家卷进了武装冲突，还同第4个邻近国家闹得不可开交。

当时，贝克上校拥有外交领域的全部权力，在他的领导下，波兰充分利用德国的"刺刀尖"外交来解决旧有的仇恨。继毕苏斯基元帅之后，贝克上校为波兰规定了一条"距离柏林不要比距离莫斯科更近一毫米"的外交路线，这一看似持中的路线反而加速了波兰的灭亡，因为无论是德国人还是苏联人，他们都不会相信波兰会为自己做什么，二者均视波兰为敌。

另一方面，这个屡次遭到瓜分的国家在贝克的外交政策下竟企图瓜分他人。在德国侵吞捷克斯洛伐克的过程中，波兰始终与希特勒保持步调一致，并坚持特青的波兰族人应当享有同苏台德地区一样的权利。波兰的行为惹怒了西方的盟友，一位法国人对波兰当时的所作所为评价说："就像古代的食尸鬼，他们在战场上爬来爬去，杀掉伤员，抢走死伤者的东西。"而美国总统罗斯福则评价波兰的行为像是一

THE ATTACK ON
POLAND 二战经典战役全记录
闪击波兰

个大男孩把一个小男孩打倒在地，这时第3个男孩上去猛踢小男孩的肚子。当捷克斯洛伐克不得不把特青地区交给波兰时，一位捷克斯洛伐克将军警告说：不久以后，波兰自己将会把这个地区交给德国人。

这个预言不幸实现了。

在希特勒侵吞奥地利和捷克斯洛伐克的过程中，波兰人隐约也感到了战争的威胁。5月初，贝克用强硬的讲话回应了希特勒，波兰将不会向德国的霸权屈服。贝克的这番话说得过于精彩，因为他自以为有一个靠得住的许诺。

贝克一直致力于发展与英法的关系，借此来弥补本国同强邻苏德的紧张关系。在战前，法国答应战争爆发时将通过空中打击德国，3天后进行牵制性的地面进攻，并在15天内发动一场全面攻入德国的战争。英国虽无明确表示，但也提到皇家空军将进行轰炸，并有可能从地面派步兵通过黑海实施援助。而就当时的局势来说，法国人的话也明显地太过华丽，法国的情报机关过高地估计了德国在西部防线的力量，这也是一战后留下的影响，法国的最高指挥部决不想在没有充足准备的情况下对德国发动一场重大攻势，15天的时间显然不够。

在英国法国的含糊支持下，波兰的将军非常乐观地认为他们能够战胜德国。在1920年的波苏战争中，他们就曾狠狠地教训过侵略者。这一次波兰人认为能够打好这样类似的战役，在全面总动员时，波兰的陆军人数达到了175万余人，另外还有50万人的预备部队。

但是，波兰虽然在军队人数上占有优势，其背后却存在着致命的缺陷。在战争理论上，波兰军方不重视参谋人员的作用；在设备上面，波兰的通信还依赖旧式的民用电话和电报网；波兰的800辆坦克还是陈旧的法国坦克型号或者是模仿英国坦克型号的波兰自制坦克，而且他们并没有像德国那样把坦克组成坦克集群，而是依旧把坦克分散在步兵部队里；波兰的野战炮兵装备有优良的法国77毫米火炮的复制品，但是重型火炮此时已经过时了。而且，波兰军队缺乏足够的军事装备，国内的军火工厂的生产能力又不能满足当前的需要。波兰政府曾试图向英国政府贷款，

▲ 一支波兰部队正在行军途中。

▲ 德军入侵行动开始后,波兰最先进的轰炸机仍停在飞机场上待命。

以帮助波兰建立武器原料储备和武装其受过训练的预备役人员，但英方迟迟不予回答；与法国的谈判结果也同与英国的相仿。这样，波兰实际从英法手中得到的可以用于进行战备的资金实在是杯水车薪。而在制空权方面，波兰的空军曾经是世界上最优秀的空军，拥有最优秀的战斗机，而现在波兰的战斗机都已经陈旧不堪，很多飞机只能适用于飞行训练。

直到1939年3月，捷克斯洛伐克被德国吞并之时，面对纳粹德国咄咄逼人的扩张势头，波兰显然没有采取任何有效的措施，在很长的一段时间里，生怕刺激德国而一直缩手缩脚。当《苏德互不侵犯条约》签订时，似乎并没有给波兰带来多大影响，这两个强邻的结盟似乎与自己无关。可是接下来，当波兰政府得知此时的德国正在进行扩军备战时，才发觉局势远比他们预料的要糟得多。于是在1939年8月23日傍晚，波兰政府开始采取相应的动员措施。波兰的这次动员应该说是迅速的，到了次日，大约有2/3的波兰军队都动员起来。27日晚，波兰政府又决定实施充分动员。此后，因为德国在德波边界一直不断集结兵力，并发生了多次冲突，这使波兰政府决定于8月29日下午实行全民总动员。但英法两国对此表示异议，认为英德谈判仍在进行的时候，采取这一极端措施是"不合时宜的"，波兰的这种做法可能会被人视为好战。虑及英法的意见，波兰决定将总动员的时间推迟到31日零时，结果到战争爆发时，波兰还未完成总动员。

从1939年3月起，波兰即开始制定对付德国入侵的"西方计划"，规定波军应在掩护国家要害地区的各条战线上以顽强的防御和预备队的反突击，遏制德军的进攻，使敌人遭到最大的损失，为英法军队取得在西线展开战事的时间。此后波军预定实施总反攻，并根据具体情况相机行动。

按照当时的动员计划，波军的总人数将达到150万，陆军人数应达到150万，拥有39个步兵师、3个山地步兵旅、11个骑兵旅、2个装甲摩托化旅、若干个专业部队和约80个民防大队。

波兰统帅总计划将现有的总兵力的70%用于作为屏护队的战略第一梯队，沿

THE ATTACK ON POLAND
二战经典战役全记录
闪击波兰

波兰同德国和捷克斯洛伐克接壤的边界全线展开。

在北边占领防线的是莫德林集团军（2个步兵师、2个骑兵旅，司令官是普谢德齐米尔斯基－克鲁科维奇将军），沿东普鲁士南部的边界部署，如遇敌有力突击，该军即向维斯瓦河和那雷夫河退却，并在这一地带设防固守。

在维什科夫以北有维什科夫集群（3个步兵师），负责加强莫德林集团军。

纳雷夫战役集群（2个步兵师和2个骑兵旅），则在苏瓦乌基进行防御，负责掩护莫德林集团军的右翼。

在"波兰走廊"的是波莫瑞集团军（5个步兵师、1个骑兵旅，司令官是博尔特诺夫斯基将军），全线沿"波兰走廊"展开，负责阻止来自波美拉尼亚的德军的进攻。

在波兹南省西部的是波兹南集团军（4个步兵师，2个骑兵旅，司令官是库特谢巴将军），其任务是防守法兰克福、波兹南方向，并威胁德国的北方集团军和南方集团军，如有可能，则对由波西里西亚来犯的德军实施突击。

罗兹集团军（4个步兵师、2个骑兵旅，司令官是鲁梅尔将军）担任罗兹和华沙方向的掩护。在琴斯托霍瓦、卡托维采、克拉科夫地域集结了克拉科夫集团军（7个步兵师、1个装甲摩托化旅、1个山地步兵旅、1个骑兵旅，司令官是希林格将军）。保卫南部边界的任务由喀尔巴阡集团军（2个步兵师、2个山地步兵旅和1个装甲摩托化旅，司令官是法布里奇将军）担任。

普鲁士集团军（8个步兵师、1个骑兵旅，司令官是多姆布－贝尔纳茨基将军）为第二梯队，配置在凯尔采、托马舒大－马佐维茨基、拉多姆地域。

另外，在华沙、卢布林地域的维斯瓦河附近，波军统帅部有一支不大的预备队。但是东部同苏联接界的地区没有任何的防御。

海军的任务是确保对格丁尼亚海军基地和海尔半岛的防御，阻止敌登陆兵登陆，主要有3艘驱逐舰、5艘潜艇、1艘布雷舰、6艘扫雷舰、一些辅助船只，若干沿岸防御营和海军航空兵。

▲ 一组即将对波兰进行轰炸的德军飞行员正在受领命令。

空军的任务是支援海军作战。每集团军配备1个陆军航空兵大队。统帅部还拥有歼击航空兵独立部队和轰炸航空兵独立部队。空军共有824架飞机,但只有407架可用于作战,其中有44架轰炸机,142架战斗机。波兰的飞机大多是过时的,其战斗性能远远不及德国飞机。

另外,值得一提的是,波兰军队在战略上抱着陈腐的军事理论和作战样式不放。波军总司令斯米格威－雷兹元帅甚至想守住波兰的全部领土,还想对东普鲁士当面采取进攻行动。于是,这种一切都想保护,分散自己兵力的做法带来的只能是失败。

对此,法国的参谋总长莫里斯·甘末林将军曾试图劝说波兰人应集中兵力在国家的中央部分建立一条防线,大致沿华沙前面的维斯瓦河设防。但是这个战略却被更看中政治的波兰领导人所拒绝,在他们看来,如果在交战的头几个小时波兰就让出人口密集的西部农业和工业地区给德国,那么波兰将会失去抵抗的意志。

THE ATTACK ON
POLAND 二战经典战役全记录
闪击波兰

而这一切的作战准备,都在德军第一天闪击战的打击下,受到了重创。

德军闪电式的进攻使波军完全陷入了被动挨打的境地,这是波兰人,也是全世界第一次领教"闪击战"的滋味。波兰的将军们或德国以外的任何人都没有预见到德国发动的战争是一场综合利用炮兵、步兵和空军的"闪击战"式的战争,再加上德国新的装甲坦克,用让人炫目的速度和优势兵力,实施快速打击和摧垮敌人阵线。波军统率部原以为战争会像以往那样缓慢地展开,德军会先以轻骑兵进行前卫活动,然后以重骑兵进行冲击,对德军大量使用坦克和航空兵的"闪击战"毫无准备。

英国军事理论家利德·哈特就此指出:

> 可以毫不夸张地说,他们(波军首脑)的思想落后了80年。

而波军统帅部又对自己的军事力量过于自信,并指望英法的援助,因此便把部队全部部署在德波边境,以为只要实施坚决的反击,就可以取得胜利。这种毫无进退伸缩弹性的部署,使波军在德军高速度大纵深的推进下,不是被歼灭就是被分割包围,成为留在德军后面的孤军,抵抗的结果自然是迅速土崩瓦解。

☆ 波兰的抵抗

波兰政府在战争来临时是如何面对的呢?

波兰政府在战争来临之前一直试图达到某种妥协,一直想通过谈判来解决问题,他们的言辞一直是很强硬的,而当战争真正来临的时候,他们却选择了逃跑。1939年9月1日,当希特勒的德军刚刚对波兰发起进攻,波兰总统就吓得离开了首都华沙。

军方呢？波兰的军队总司令斯米格威-雷兹也是一个十足的胆小鬼，面对当时德军如潮的攻势，他不是在思考如何在自己的岗位上尽到自己的责任，而是不断地向身边的人散布波兰必败的消极言论，这直接动摇了部下的军心。战争刚刚进入第二天，他就认为波兰已经失败了，几天以后，他再次散布战争的失败"是注定不可避免的"。

9月4日，政府机关撤离了华沙，国家的机要文件和黄金储备也随之运出。

9月5日，政府全体工作人员撤出华沙，逃到了华沙东南的卢布林市。

9月9日，政府机关又从卢布林逃到了克列梅涅茨。

9月13日，再次逃跑到紧靠罗马尼亚边界的扎列希基。

9月16日，波兰政府越过边境，直接逃入了罗马尼亚。

其时，波兰军民还在进行艰苦的抵抗，也就是说，波兰的抵抗是在政治、军事指挥几乎全面瘫痪、全国最高政治领导实际上瓦解的情况下进行的。

在德国进攻波兰的第一天，南方集团军的先头部队就已经深入波兰境内24公里，当时由汉斯·冯·卢克率领的侦察连就是这些率先进入波兰的先头部队之一，他曾对当时进入波兰的情况这样记述：

> 我们与装甲兵侦察连一起行动，边境上只有一个海关官员在防守。当我们的一个士兵走近他时，这个吓得半死的人打开了国界栅栏。我们没有遇到任何抵抗，就这样踏进了波兰国土。方圆数里，看不到一个波兰士兵的影子。尽管他们可能一直在为德国"入侵"做准备。

事实上，在德波战争的第一阶段，即9月1日到9月7日，波兰的军队受到了重创。

克拉科夫和罗兹两个军团损失惨重，并且开始向东撤退。波莫瑞集团军的情况

THE ATTACK ON
POLAND 二战经典战役全记录
闪击波兰

▲ 1939年9月4日,波兰骑兵正在赶往前线。

也很糟,莫德林集团军则受到德军第4和第3集团军的两翼包抄。但是如果他们撤退,就会过早地把通向华沙的道路让给德国。这时的波兹南集团军的情况还算不错,但是他们未能及时后撤以便与其他的集团军保持联系并建立共同防线。这时,波军也再无可供使用的预备队。因为纳雷夫作战集团由于担负着防御德第3集团军的任务而受到牵制,普鲁士集团军还在集中阶段就遭到德飞机和坦克的袭击而动弹不得。

德军在波兰战局的第一阶段,取得了重大的进展,但在华沙以西合围并彻底消灭波兰军队的企图并没有完全实现。德国军队决定重新部署,并于9月9日以后,开始发起第二次的大举进攻。他们企图把在维斯瓦河以西坚守的波军全部歼灭,然后再由第14和第3集团军从南北两个方面实施深远突击,以求合围维斯瓦河以东或退守该地域的所有波兰守军。

在波兰方面,前几天德军的猛攻让波兰确实有些手足无措。波兰最高指挥部意识到波军在南、北两线都有全军覆没的危险，于是就于德军发起更大进攻前的9月5日，下达了向维斯瓦河总撤退的命令。但第二天，这一命令却又被改成进行新防御的对策。

这条新的防御线是从东北方向的纳雷夫河到维斯瓦河，最后到桑河。此时的波兰元帅不得不面对战争现实，此时的前线战场已经大败。他惟一的希望就是在波军被肆虐的坦克纵队和德国空军碾压击打成碎片之前，把尽可能多的军队撤退到相对安全的东部地区。这几天的战斗对波军最高指挥部来说，无疑是痛心疾首的。

于是，根据波军统帅部的命令，莫德林集团军和纳雷夫战役集群应撤过华沙以北和东北的维斯瓦河和纳雷夫河，以掩护从西部向维斯瓦河和桑河撤退的基本兵力的右翼。波兹南集团军和波莫瑞集团军的残部则奉命径直退到华沙，以掩护华沙西面的接近地。罗兹和普鲁士集团军的任务是向华沙以南的维斯瓦河撤退，克拉科夫和喀尔巴阡集团军的任务则是向桑河撤退。

此外，8日傍晚，华沙电台呼吁全民参战，保卫他们遭受侵犯的家园，电台号召人们对侵略者施以颜色，比如，指示居民向失去战斗力的德国坦克上浇汽油，烧这些坦克。"波兰人民同波兰战士并肩作战，设置路障，千方百计地粉碎德国的军事行动，进攻德国的军事阵地。"这种建议可以说无异于煽动手无寸铁的人民去送死。

9月6日起，德军的第14集团军向南攻陷了克拉科夫，9月9日，德陆军总司令部下令第22军团突破波军在桑河一带的防线，以期最后与从东普鲁士向南进攻的古德里安的第19军团会合。这样一来，第22军团和第19军团就形成了钳形攻势，可以完成对华沙东面波军的共同包围。

当前线战斗席卷波兰边界地区时，只有库特谢巴将军指挥的波兹南集团军那时还尚未投入战斗。德国陆军总司令部的指挥官决定绕开这支部队，转而迅速地插入波兰的其他地区。德军的这个企图被波兰军队的指挥人员看透，在了解了德军的这个意图以后，波兹南集团军指挥官库特谢巴将军向波军最高指挥部提出，让他的部

THE ATTACK ON POLAND 闪击波兰

队从南侧袭击正在东进的德第8集团军的请求。可是，库特谢巴将军的这一请求遭到了斯米格威－雷兹元帅的拒绝，这位元帅此时只想着如何在尽量少的时间里，在维斯瓦河后侧集结尽量多的军队。

所以，在这之后，波兹南集团军开始向东面的华沙方向撤退，在撤退过程中，波兹南集团军遭到了德国空军的打击，但没有遇到德国的地面部队。与此同时，波兰的另一个集团军波莫瑞集团军的余部也开始向华沙方向全力撤退，这两个主力军终于在位于波兹南和华沙中间的库特诺会师，库特诺市是一个重要的交通枢纽城市。

在集结刚刚完成时，库特谢巴将军再一次申请上级允许他指挥波兹南集团军和波莫瑞集团军向德第八集团军发起进攻。此时的波兹南集团军和波莫瑞集团军从整体上说还是一支数量可观的军队，而且编制也比较完整，由10支步兵师和20个骑兵旅组成。虽然波兰军队的任何进攻都会延缓自身的东撤，但倘若不出击，它的军队还会不断地受到比他们速度快得多的德国坦克的袭击，考虑到这一点，此时处于绝望境地的波军最高指挥部不得不做出决定。在他们看来，发动一次大规模的反攻可能会从总体上减缓德国南方集团军群先头部队的进军速度，从而给波兰的其他军队的集结和重整提供一个喘息的机会，以发起更大规模的反击。所以，在考虑再三后，波军最高指挥部最终还是批准了库特谢巴将军的请求，同意他同时指挥波兹南军团和波莫瑞军团向德国的第八集团军发起进攻。

在这次反击之前，由波军发动的较大规模的反击，是由波兰的普鲁士军团完成的。但是那一次反突击不仅整个兵力有限（只有一个步兵师和一个骑兵旅），而且组织得也很糟糕。他们反突击的对象是德军第10集团军的第16摩托化军，但是，普鲁士集团军的指挥官却将本来就不强的兵力分散在两个相互隔绝的方向上行动，对实施反突击的部队也没有任何掩护和保障，同时，反突击行动在罗兹集团军的侧翼进行，却没有组织同罗兹集团军协同作战。结果反突击不仅未能带来预期的效果，反而使自己在退却中被德军完全消灭。

这时，德国方面原来负责保护第8集团军侧翼的军团，已经被加速前进的德军先头部队的主力远远地甩在了后面。当第8集团军靠近布祖腊河时，它的侧翼的保护部队主要是第30步兵师。该师部署在第8集团军前面32公里处，没有处在发动协同防御的有利位置。9月9日，在布祖腊河东南方向，波兰军队开始反击，这也是整个战役中波军惟一的一次主要进攻。

波兰的军队从华沙以西113公里的库特诺附近向南发起了进攻，攻入了德军第8集团军暴露的一翼。当打击来临时，本来被派来保卫侧翼的德国第30步兵师奋力行军以期进入指定位置，这使得步行的士兵和马拉的物资货车延伸了34公里。德国的第30步兵师向第八集团军的司令部报告说，该师已经遭到波兰军队的进攻，人员伤亡严重，正在被迫撤退。

波兰军队的这次进攻，严重地威胁了南方集团军的作战计划。经过两天的鏖战，德军步兵第30师损失惨重，波兰军队俘获了1,500名德军，缴获了30门大炮，德军第8集团军的左翼掩护部队被击退几公里。如果波兰军队能够切断德国前进的路线，那么第10集团军将不得不掉过头来对付这种危险，波兰军队就会有更多的时间来加固华沙和维斯瓦的防线，此后如果德军想占领波兰东半部就不得不付出更加巨大的代价。

9月10日，9月11日，战斗一直在布祖腊激烈地进行着。波兰军队猛攻德第8集团军拉长了的战线，尽管在波兰军队的顽强抵抗下德军有后撤的迹象，但波兰军队也付出了巨大的代价。更重要的是，此时的波兰军队面临着缺乏食物、军火弹药以及其他军事供给的问题。一位曾经参加过此次战斗的波兰军官记述了当日他和他的士兵在战斗过程中的一些特殊的经历：

> 在马路上和建筑物的废墟中，到处都是德军士兵的尸体。我命令士兵们搜查死去的士兵的裤兜，希望能找到我们急需的地图。最后我们的搜查总算有所收获，我们在一名死去的士兵口袋里找到了一张布罗卡－索哈切

▲ 德军坦克行驶在波兰的街道上。

THE ATTACK ON
POLAND 二战经典战役全记录
闪击波兰

夫地区的地图。对我们来说,这是整个战争中最有价值的战利品了。

波兰军队在布祖腊的反击的确让第8集团军大为震惊,但并没有引起他们的恐慌,而是意图组织更有效的防御,德军司令部下令抵挡住波军的进攻。在南方集团军的司令部里,伦德施泰特和参谋总长曼施坦因认为波军的进攻并不是个大问题,相反,这次进攻恰好给德军提供了一次有利时机,让德军可以完成原来陆军司令部制定的摧毁维斯瓦河两岸波军的计划。到目前为止,在库特诺附近已经集结了大约17万的波兰军队,如果能够包围、遏制和摧毁这些部队,那就就会一举消灭掉1/3多的波兰地面部队。换句话说,波兰人的进攻为德军提供了一次大规模消灭波兰军队有生力量的机会。

而德军目前所需要的就是一次有计划有目的的集结和一次有规模的围歼。为了对付波兰的这次反击,德国军队开始重新部署。对当时德国所有的军队进行大规模的高效的调动与部署,是对当时的德国军方是一次极大的挑战。到了9月11日,勃拉斯科维兹将军接到命令,开始由他来指挥这次军事行动。于是,他迅速从第8集团军右侧的第10集团军和从北方开来的第14集团军抽调兵力来武装自己,配合作战。这种调动完成之后,第8集团军的规模几乎在一夜之间增加了一倍,由一个司令官同时指挥着6个军。为了能够集中力量打击波兰的这次反击,德军暂时减缓了对波兰首都华沙的进攻,减轻了对部分波军的压力,同时,德军也减小了在维斯瓦河地区的军事行动的规模。

一条新的德军防线建立起来了,第八集团军的工程兵和反坦克兵部队匆忙赶到,巩固了这条防线。与此同时,指挥南方集团军的伦德施泰特将军并不情愿放弃他已经在波兰首都前方占领的阵地,他想方设法使波兹南军团的进攻转化为他的便利。他命令里特·冯·勒布中将派他的第11军的两个师向北穿插切断"波美拉尼亚"军团同华沙的联系,将其驱赶到波苏拉河,并将它以及罗兹军团的幸存者包围起来。而第八方面军转向东北进行战斗。同一时间,第四集团军向南移动,以便形

▲ 德党卫军装甲车正驶过波兰城市。

THE ATTACK ON
POLAND 二战经典战役全记录
闪击波兰

成包围波兰人的一个钢铁包围圈,这就是所谓的"库特诺口袋"。

9月12日,执行反突击的库特谢巴将军得到情报,罗兹集团军的残余部队正在向莫德林集团军的方向撤退,他们之间的军队已经没有会合的希望了。而更令库特谢巴将军感到头痛的是,据说当时的德军正在库特诺附近进行军事演习,这样一来,波兰的军队面临着即将被包围的威胁,而库特谢巴将军的军队也面临着即将被完全剿灭的危险。

也就是在这一天,感到大事不好的波兰军队向东南发起了进攻,开始试图在德军未完成包围圈之前从那里冲出包围。结果,在突围的过程中,德军虽然丧失了一些地面部队,但是却在打击波兰的这次突围的过程中收紧了自己的包围圈。

到了9月15日,波兰的军队的进攻已经毫无生气了。就在那一天,德国的第10集团军奉命向北推进,在华沙以西切断从库特诺地区逃往首都华沙的所有退路。到了9月16日,波兰军队又一次试图从东北方向突围,这一次,他们希望渡过维斯瓦河后到达莫德林,但是这一次的突围再次被德国人击退,而且大量的波兰军队的士兵在这次失败的突围中丧生。同时,这次战斗之后,德国第8集团军进一步缩小了他们的"库特诺口袋",波军不得不在更小的地区内活动,这样,他们再也没有余地周旋来躲开德国空军的打击。

就在9月17日,波兰军队突围失败的第二天,德国空军暂时停止了对华沙的突袭,而是把兵力集中到对库特诺地区的进攻上。在这个地区,德国的空军总共投下了328吨的炸弹,被围困的波兰士兵伤亡惨重。当第10集团军彻底歼灭拉多姆的波兰军队时,波兰的波兹南集团军崩溃了,受到沉重打击的波兰防御部队开始瓦解,当天就有4万波兰军队的士兵被德军俘获,就连最后两支企图突围的波军队也被德国第10集团军全部歼灭。最后只有一小股波兰军队突出重围,而且大多也是依靠卡尼彼诺斯森林的天然屏障保护而逃走的。就这样,原本用来进行大规模战役的波兰军队被分化成一支支独立的小分队,最多也只能打游击战争了。德国军队总共俘虏了52万人,占当时波兰地面有效部队的1/3多,保卫波兰的野战部队已经溃不成军了。

虽然希特勒曾因为进军华沙的先头部队的速度太慢而不停地斥责部下,但是对于当时的德军指挥总部来说,布祖腊战役的胜利是里程碑式的,它的意义深远。对于当时德国的普通士兵来说,布祖腊战役却是一场极为激烈的战斗。当时党卫军武装部队的下级军官库特·迈尔——后来成为一名武装党卫军将领——曾跟随第4装甲师参加了这次战役,尽管库特本人是一位比较激进的纳粹党员,但他还是对这次战役中波兰士兵表现出的勇气和精神表示尊重:

> 我们否认波兰军队的勇敢是不公正的,我们在布祖腊打的每一场战斗都是靠着极大的勇气来完成的。

☆ 惟一的希望

就在波兰的前方军队还在"库特诺口袋"地区奋勇突围时,波兰后方的军队曾利用这个间隙来完成新的集结。波军最高指挥部采取了最后一项权宜之策,他们希望把波兰当时所有的军队全部撤退到波兰东南部去,进入波兰领土伸入到罗马尼亚和匈牙利之间的一个"舌头"地区,在那里组成"罗马尼亚桥头堡",或许可以坚守到西方盟国支援的到来。尽管德国的第14集团军一直在沿喀尔巴阡山脉的北麓向东推进,以利活夫为中心的波兰东南部地区仍然作为建立新防线的最后一块地区。此外,该地区与罗马尼亚、匈牙利接壤,是重要的产油区。

这时,在北方战场上,莫德林集团军开始和纳雷夫军团同时撤退,而德国的第3集团军紧随其后。在第3集团军的东侧,古德里安的第19军团在两支波兰军团的中间打开了一个缺口,纳雷夫军团随后发起了进攻,但是很快就被击败了,不得不

▲ 一名德军士兵正在投掷手榴弹。

FULL RECORDS OF CLASSIC CAMPAIGNS IN WORLD WAR II

撤退，同时大量人员伤亡。与此同时，德国的第19军团的两个装甲师和两个坦克师都遇到了燃料和弹药的问题，这种巨大的战争损耗使德国的装甲车辆进退两难。此时，只有古德里安手下的那种小型装甲部队还保持着充足的火力和相当的机动性，能够继续推进。

古德里安最初的计划是向南推进，直接夺取谢德尔堡，但是由于德国陆军总司令部的司令官认为波军正在建立"罗马尼亚桥头堡"，所以古德里安不得不听从上级的指示，完成了从侧翼对波兰军队最后防线的包围。

9月14日，第10装甲师的先头部队到达布列斯特－利托夫斯克的边缘地区，这里是北方集团军在最东面的一个目标。9月15日，德军攻占了布列斯特－利托夫斯克。尽管那里的波兰守军建造了一个很有名的防御工事，即赛特德尔防御工事，曾击退了德国第10装甲师和第20摩托化步兵师的几次进攻，但他们还是没有能够阻拦住来势凶狠的德国军队。9月17日，当守卫在布列斯特－利托夫斯克的最后一批波兰军队企图突围的时候，德国步兵师有了歼灭敌人并占领赛特德尔防御工事的机会。而在接下来的时间里，德军的第3装甲师向南前进抵达弗沃达瓦，以期与北方集团军中前往东北方向的坦克先头部队会合。

尽管这两支从华沙东面夹住波兰军队的"大钳子"没有真正合拢，但是他们相隔只有几公里而已，完全可以通过电台保持联系，电台对德国的机械化部队在战争中取胜起到了十分重要的作用。波兰企图再次集结的意图不幸被德军发现，德国的空军立刻开始对波兰的行军纵队不断地加以打击，另外空军还对波兰的铁路进行了狂轰滥炸，大大破坏了波兰的交通，打乱了波军的计划，从而使波兰的计划无从实现。

到了9月16日，波军的大部分已经被歼灭，波兰西部和中部完全被德军占领，德军推进到维斯瓦河以东地区，德军已经达到了作战的主要目标。9月17日，波兰政府越过边界逃往罗马尼亚，同日，苏联红军入侵波兰，此后，德波战争进入了最后的阶段。

第 5 章

CHAPTER FIVE

奇怪的战争

"今天是我们大家最感到痛心的日子,但是没有一个人会比我更为痛心。在我担任公职的一生中,我所信仰的一切,我所为之工作的一切,都已毁于一旦。现在我惟一能做的就是:鞠躬尽瘁,使我们必须付出重大代价的事业取得胜利……我相信,我会活着看到希特勒主义归于毁灭和欧洲重新获得解放的一天。"

FULL RECORDS OF CLASSIC CAMPAIGNS IN WORLD WAR Ⅱ

☆ 宣 战

在德国入侵波兰的第一天，也就是1939年的9月1日，波兰政府即向英法政府求救。驻伦敦的波兰大使拉斯津斯基伯爵急匆匆地拜会了英国外交大臣，并告诉他，他已经从巴黎得到了正式的消息，目前德国军队已经从4个地点越过了德波边界，对波兰发起了进攻，波兰的主要军事要塞和各大城镇均遭受了德国空军飞机的狂轰滥炸。

在拉斯津斯基伯爵谈话的最后，他强调德国这次对波兰的突然进攻，是一个"符合条约规定的明白无误的事例"，这即是在暗示英国政府是该履行他们的诺言的时候了。在1930年8月25日签署的《英波互助同盟条约》中规定：如果缔约国的一方受到一个欧洲大国的直接侵略，如果发生威胁缔约国独立的行动，而受到威胁的一方决心予以抵抗，或如有想以经济渗透等方式破坏缔结一方独立的图谋，另一方保证予以支持。如果缔约一方把对另一个欧洲国家的独立或中立的威胁作为宣战的理由，互助也将生效。

在这份条约中，所谓"一个欧洲大国"，即是指当时的德国了，这虽然未在条约里明言，但是在其秘密议定书中明确指明为德国。秘密议定书中同时指明，"如果发生威胁缔约国独立的行动，而受威胁的一方决心予以抵抗"这一条适用于但泽。

英国的外务大臣在听取了波兰大使的要求后表示，如果大使所说的完全属实，英国政府无疑会同波兰政府持同样的看法，但是，若要英国政府做出任何决定的话，就必须等到英国的内阁会议召开研究决定之后方可。

就在这天上午10时，哈利法克斯紧急约见了德国驻伦敦临时代办科尔特，这

THE ATTACK ON
POLAND 二战经典战役全记录
闪击波兰

▲ 德军进攻边界上的波兰小城但泽。

位英国外交大臣对代办明言，英国政府方面获悉目前德国的军队正在进攻波兰，希望德国能够提供这方面的详细信息，并就有关问题做出解释：德国的行动已经造成了很严重的局势，英国政府马上将就此事召开内阁会议，至于内阁会议后有什么信息需要向德国政府方面出示，英国将直接发往柏林。

而科尔特代办的回答让英国大臣很失望，科尔特说他没有收到任何有关此方面的信息。科尔特真的对此一无所知么，还是他在说假话？是的，他事实上真的对此一无所知。希特勒对波兰的突袭实在突然，很多在海外的人对此并不知情。而当科尔特询问柏林时，他得到的是另一个版本的关于德波战争的消息。于是，当天晚些时候，科尔特给哈利法克斯打电话，告诉他说他已经接到外交部新闻司的消息，哈利法克斯听到的关于华沙和其他波兰的城市被德国轰炸的消息"完全不是事实"，实际的情况是，波兰人在昨天夜间已经在边界向德国开火，现在德国人正在进行的，是自卫的还击。希特勒指示党卫军演出的那个小把戏，不仅欺骗了世界舆论，而且德国国内国外的老百姓，也同时受到了这个谎言的愚弄。

与此同时，在德国方面，当波兰大使正拜会哈利法克斯时，英国的驻柏林大使亨德森向伦敦打回电话，报告他刚刚从戈林那里得到的情报，这是关于德波战争的另一个版本：

"据我了解，波兰人在夜里炸毁了德却奥桥。另据了解，同但泽人发生了战斗。希特勒接到这个消息以后就下令把波兰人从国境线上赶回去，并命令戈林摧毁边界线上的波兰空军。"

对于这个版本中所提到的一些新的消息不乏有可研究之处，特别是在战后对这些事实的整理中。文中提到的"德却奥桥"，确实是被波兰人炸的，在但泽也的确发生了战斗，但整个事情的过程却不像戈林口中描述的那么简单。德国人本打算要占领维斯瓦河上的德却奥桥，这一行动在夏初即已制订，并在"白色方案"中多次提出，在希特勒下达进攻指令的一号作战指令中，也对此做了特别的指示。

但是德国军队那天的运气实在不是太好，一方面对当时的布置有所疏漏，另一方面，波兰上空的大雾天气严重影响了能见度，使得当时派去空降的伞兵未能及时到位。当德国军队正打算修改方案，夺取桥梁时，波兰人正好赶到，为了阻止德国军队由此进入波兰，波兰军队当即炸毁此桥以绝后患。

而这在戈林的口中竟成为德国军队进攻波兰国土的口实，为当时德国的舆论宣传又提供了新的素材。

仅隔了短短的30分钟，亨德森大使又向本国的外长打了一个电话，这一次，这位大使以作为一个外交家的责任感，向哈利法克斯提出一个很荒唐的新建议。亨德森在电话里说：

> 我觉得有责任向您陈述我的信念，不论其现实的前景是多么渺茫，我认为现在要拯救和平，惟一可能的希望就是斯米格威-雷兹元帅宣布

THE ATTACK ON POLAND
闪击波兰
二战经典战役全记录

他愿意立即前来德国，作为军人也作为全权代表同戈林元帅就全部问题进行商讨。

不能不说亨德森出的是一个馊主意，正当他向本国外长阐述自己这一番宏论时，波兰总司令官斯米格威－雷兹正在波兰前线指挥手下的部队奋力反抗德军的大规模进攻，这场进攻让这位司令在很长一段时间里都有点摸不到头脑，虽然这个司令从一开始就认定波兰会失败。而即便是这位总司令官斯米格威－雷兹能够放下自己的指挥权来到由纳粹控制的柏林，等待他的会是什么呢？希特勒会因为一个敌军司令的到来而放下他手中举起的魔刀吗？当然不会！

在电话中，外长只是对自己属下的忠诚表示了赞赏，但对其提的建议，则未置可否，或许他也不觉得这是一个解决目前问题的好办法。

与英国外交家们奔忙打探消息不同的是德国外交使节的悠然。9月1日，纳粹德国驻奥斯陆、斯德哥尔摩和赫尔辛基的公使馆分别收到了柏林发来的指示，这个指示是外交部魏茨泽克签发的，指示要求公使们向所驻国政府做出德国已经向低地国家和丹麦作过的同样声明，并强调："请使用清楚的、但确实是友好的辞令来表达这项声明。"

德国提到的这份声明即是希特勒在此前早些时候照会各国签订的，要求对方保持中立的条约，此一举，是为了瓦解欧洲各国，特别是小国之间的互助，并示以一定的警告，为对波兰的进攻尽可能地减少潜在的反对者。

就在9月1日的清晨，美国驻华沙大使发回关于德国已经入侵波兰的消息，几个小时后，美国总统罗斯福同时又得到了伦敦决定履行他们对波兰保证的消息。于是，这位总统决心为争取和平或者说是争取尽量少的伤亡，向各国发了一份早就草拟好的呼吁文件。这份文件被发往已经卷入或者可能要卷入战争的德国、波兰、法国、英国和意大利等国的政府，在这份文件里，罗斯福总统希望这些国家作出保证，即他们的空军将决不轰炸平民百姓或者是不设防的城市。美国总统的

▲ 波军俘虏抬着受伤的同伴，经过向前线进发的德军队伍。

这一和平建议得到了英国、法国、德国和波兰各国的回应，表示愿意接受总统的建议。只是有一点不同，波兰在他们的答复中告诉罗斯福总统，他的建议已经被德国飞机投下的炸弹炸得粉碎。

而更重要的事情是在这天上午的11时30分发生的，英国的内阁会议召开，这次会议的第一个议题是履行对波兰的保证；其次是对意大利所提建议应该采取什么态度。

终于，在下午4点30分，英国政府做出了对于波兰的最后决定。这项决定是由英法两国最后商定的。柏林的亨德森接到了指示，于是他将一份警告递交给德国政府，警告内容为：除非德国政府给予令人满意的保证，证明它已停止一切侵略波兰的行动，并准备迅速从波兰领土上撤出它的军队，否则英国将毫不迟疑地履行它对波兰的义务。在给亨德森这份指示时，英国外长哈利法克斯说，大使的要求对方应立即给予答复，答复的性质将决定如何展开下一步行动，如果不能令人满意，回答将是"一个有时限的最后通牒或立即宣战"。不过目前这份照会应称之为一个警告，而不是一份最后通牒。

意大利的这项建议是前一天由齐亚诺送交给哈利法克斯的，意主张召开五国会议来进行调停。以上的这两件事情都需要与法国政府不断地进行协商。下午由路透社授权发表一项新闻公报，显示英法两国政府实施它们保证的决心没有动摇。

此后，伦敦和巴黎都指示自己驻柏林的大使立即约见德国外交部长，将一份警告递交给德国政府。

里宾特洛甫拒绝同时会见两位大使，于是亨德森先行被接见。在会见的过程中，里宾特洛甫对于照会没有做出什么评论，只是又一次重申希特勒和戈林等人最近一直反复宣扬的观点：犯了侵略罪行的不是德国，而是波兰。长期以来，波兰人一直在向德国人挑衅，他们首先进行了全国性的动员；刚刚不久，他们在昨天的夜间侵犯了德国人的领土。

亨德森可不是第一次听到这种观点了，对此他并不感到吃惊。当德国外长唠唠叨叨讲完后，他向里宾特洛甫提出，他得到的指示是，要求德国政府就照会内容立刻给予答复。而里宾特洛甫则以一种彬彬有礼的口气回复道："我必须把英国政府的声明呈送总理。"言外之意，立刻答复是不可能的。临走时，亨德森回敬里宾特洛甫说，他将随时等候得到希特勒的答复。而德国外长接下来又同法国的大使进行了一次完全相同的谈话，至此，第二次世界大战爆发第一天的外交家们的活动宣告终结。

☆ 迟到的最后通牒

在英国所提到的同法国政府保持步调一致的背后，在这和平的最后一天，有另外一个问题始终使英国和法国感到焦躁不安，并为此争论不休，到底要在什么时间发出对德的最后通牒呢？

两国先是一直等待德国对于他们的警告的回应，然而让他们失望的是，德国方面迟迟没有答复。就在9月2日的下午，波兰驻英国大使拉斯津斯基收到了来自贝克的紧急指示，要求他向英国政府再次呼吁要他们履行自己的承诺，波兰的大使被邀请到唐宁街参加了英国的内阁会议。

在这次内阁会议上，拉斯津斯基报告了他刚刚从华沙得到的消息，呼吁英国政府应立即采取行动，并就此同法国巴黎进行联系。而此时在巴黎，波兰的驻法国大使也在进行着同样的工作，向法国政府请求援助。

在他们的背后，波兰华沙的贝克也向英法两国的政府提出了同样的请求。

事情已经再清楚不过了，而英法的反应如何呢？

于是，英国下院只得再次开会，这一次的会场弥漫着不满、忧愁和愤怒的气氛。开始的时候，人们一直在等待首相的发言。可是首相直到下午7时45分才来到下院，他对下院说，还没有收到来自柏林的回复，迟延的原因可能是因为意大利提出了召开五国会议的建议。除此以外，他还表示，英国政府同意参加这样的一个会议的惟一条件就是，停止敌对行动和德军撤出波兰，英法目前就这件事将进一步地协商。

对此，下院表现出极大的不安，几位代表在发言中均批评内阁迟迟不对德宣战。一些人指出，从德国开始发动对波兰的侵袭到现在过去了整整38个小时，而英国政府未采取任何有效的实际措施，这显然是忽视了英国曾经对波兰承诺的责任；另有一些人则指出，如果事态得不到有效地扼制，波兰将会成为第二个慕尼黑。

经过一番唇枪舌剑的争论，英国内阁在2日，即星期六下午的会议上，终于决定于当日的午夜时刻向德国发出他们的最后通牒。而此时法国的部长们在同一时间的会议中研究决定，要等到3日即星期日中午才发出他们的最后通牒，他们的宽限的时间是由法国总参谋部来决定的，而英国打算给德国的时间要比这短得多。在这

▲ 英法两国首脑紧急磋商，针对德国入侵波兰制订相应的对策。法国总理达拉第（中）正步出张伯伦的首相府。

个时间问题上，英法的确是有些为难。

在英国的内阁看来，令人为难的是内阁对议会内外舆论的安抚问题。在当时的英国民众看来，法国的宣战权限和全民动员的时间问题，都只是些小事，面对波兰人正在德国的狂轰滥炸下挣扎，政治家的拖延时间对民众而言毫无道理。英国的议会对意大利的调停计划，虽然也认真地考虑过，但并不十分相信能起什么作用。还有一点，英国的海军认为，48小时的间隔时间将为德国海军进行战略调整提供极大的便利，而对英军发起的进攻则极为不利。

在法国方面，虽然法国政府也希望自己能与英国政府步调一致，共同进退，并且尽可能早地采取行动，但是，却被总参谋部毫不留情地挡住了。法国的总参谋部认为，如果战争在他们的计划部署完成以前爆发，德国人就可能在法国正在全力进行疏散和动员时开始轰炸，这样就会给法国带来混乱和灾难性的后果。法国总参谋部之所以这么考虑，是因为法国曾在这方面吃过德国太多的亏了。

这样，两国就陷入了进退两难的境地，如果再拖延对波兰的援助，那么英国政府就可能因受不了压力而倒台；假如英国坚持立即行动，法国政府又不得不面对巨大的压力。于是英国政府决定独自行动了。1939年9月2日晚10时30分，哈利法克斯用电话将英国政府的决定通知了法国的庞纳。庞纳立即表示，对英国政府这种单方面采取行动的方式表示抗议，两国不得不进行再次协商，均做出了一定的让步。于是英国放弃了原来打算将最后通牒在2日午夜送出的打算，而是改在3日上午9时发出一份时限为两小时的最后通牒，法国政府则是将最后通牒的送出时间定在3日中午12时，宽限时间为当日下午5时。

法国政府之所以在对德问题上如此，也是有原因的。就在一星期前，达拉第组织召开了一次所谓的国防委员会会议，议题是：法国目前能不能坐视其他国家，如波兰或者罗马尼亚灭亡不理，法国目前能用什么样的办法加以阻止，目前应采取何种措施。经过对一系列问题的争论，会议认为，如果德国出兵，法国将不得不承担先前对波兰承诺的义务。但是当真正要出兵的时候法国人还是犹豫了，因为在法国人看来，一旦战争打响，并不会有一个英国人马上来支援他们，法国必须要用48小时来完成全国的总动员。

到了9月3日的清早，德国政府仍然没有任何反应，哈利法克斯于是在上午5时打电报给亨德森，指示他上午会见里宾特洛甫，以便把一份时限为两小时的最后通牒给他，如果不能见到他，就会见另一位德国政府的代表。亨德森很快就给里宾特洛甫打了电话，德国人显然预见到这次英国人给他们的文件将包含他们不能接受的内容，里宾特洛甫对他的外交部高级翻译保·施密特说："真的，你可以代表我接见这位大使，只要问一问英国人，这样做是否合适，说外交部长9时没有空。"亨德森同意了德国人的请求。于是，1939年9月3日上午9时，亨德森出现在里宾特洛甫的办公室，他神情严肃，不苟言笑地对施密特说：

"我遗憾地向你递交致德国政府的最后通牒。"

接下来，亨德森向施密特宣读了英国最后通牒的全部内容，其中有：

虽然要求立即答复本政府9月1日的警告已于24小时以前就已提出，但至今未答复，与此同时，德国却在加紧进攻波兰。鉴于此，在英国夏季时间今天上午11点以前，如果英王陛下政府尚未收到德国政府令人满意的保证，停止对新旧交替的一切侵略行动并把德国军队从波兰撤出，则从该时起，大不列颠与德国即处于战争状态。

读完之后，亨德森即把这份最后通牒交给了施密特。临别时，亨德森告诉施密特说："我真觉得非常抱歉，不得不将这样一份通牒交给你，因为我们一直很希望得到你的帮助。"

然后施密特拿着这份最后通牒到了德国总理府。

走进希特勒的办公室，希特勒和里宾特洛甫同时盯着他看，施密特细声慢气地翻译了英国人的最后通牒，他念完最后一个字时，房间里一片死寂。希特勒问

▲ 张伯伦（左二）视察英国远征军的炮兵阵地。

身边的里宾特洛甫，"现在怎么办？"那副凶相好像是在抱怨是他的外交部长使他对英国方面的反应作了错误的估计。里宾特洛甫则若无其事地回答说："我断定，法国人会在1小时内交来一份相仿的最后通牒。"

里宾特洛甫推断得不错，考伦德不久即向里宾特洛甫递交了一份内容与英国相同的最后通牒，限时在下午5时答复。

可是在当日的11时以前德国没有给予英国相应的答复，于是在9月3日星期日的上午11时15分，英国首相向全国广播宣布，英国与德国进入战争状态。就在同一时刻，法国以书面形式通告德国的临时代办，他们两国现在已经进入战争状态。

就在当天的12时06分，张伯伦首相，这位曾经为和平不辞辛劳而苦苦奔波的

THE ATTACK ON
POLAND 二战经典战役全记录
闪击波兰

▲ 英国两任首相奉行的是不同的外交政策。

老人，在下院发表了如下的演讲：

> 今天是我们大家最感到痛心的日子，但是没有一个人会比我更为痛心。在我担任公职的一生中，我所信仰的一切，我所为之工作的一切，都已毁于一旦。现在我惟一能做的就是：鞠躬尽瘁，使我们必须付出重大代价的事业取得胜利……我相信，我会活着看到希特勒主义归于毁灭和欧洲重新获得解放的一天。

英国与德国政府的最后一次接触是里宾特洛甫召见英国大使亨德森，并交给他一份很长的文件，文件的开头是这样的：

> 德意志第三帝国和德国人民拒绝收下或接受，更不用说履行，英国政府提出的最后通牒性质的要求。

在接下来的内容里，德国继续把发动战争的责任推到英国政府身上，文件最后称德国政府拒绝"召回它为保卫德意志帝国而集合起来的军队"。

就这样，英德、法德的关系彻底断绝了。

☆ 静坐战争

尽管英法已经各自对德宣战，但是此时在德国的西线，依然出奇得平静。

当英法对德宣战后，希特勒迅速发布了针对英法的"第二号作战指令"，其原文如下：

THE ATTACK ON

POLAND 二战经典战役全记录
闪击波兰

第二号作战指令

(附:关于第二号作战指令第四条(X-命令)的说明)

国防军最高司令 柏林

国防军统帅部/指挥参谋部/国防处一组 1939年9月3日

1939年第175号绝密文件

只传达到军官

第二号作战指令

一、在英国政府宣战之后,英国海军部于1939年9月8日11时17分下达了开始采取敌对行动的命令。

法国已经宣布,从1939年9月3日17时起同德国处于战争状态。

二、目前,德国的战争目标,仍是快速而胜利地结束对波作战行动。将重要兵力从东线调往西线一事,仍须由我决定。

三、根据第一号指令制定的西线作战原则仍然有效。

在英国宣布开始采取敌对行动和法国宣布进入战争状态之后,可得出下述结论

1.对英国:

海军

可以采取攻击行动。目前也可由潜艇根据捕获法进行经济战。应准备采取包括宣布危险区在内的激化措施。激化措施的付诸实施须经我批准。

用水雷封锁波罗的海通道,但不要侵犯中立国家的领海。

在北海为己方防御和进攻英国而事先制定的封锁措施,必须付诸实施。

▲ 1940年，英国向法国派遣了由戈特指挥的远征军，这是驻扎在马奇诺防线的英国远征军士兵。

空军

对军港中和公海（包括海峡）上的英国海军力量及其确凿无疑的运兵船只，可实施攻击行动。其前提条件是：英国对同类目标采取了相应的空中攻击措施，出现了特别有利的成功机会。这一规定也适用于海军航空兵部队的行动。

攻击英国本土和商船一事，须由我决定。

2.对法国：

陆军

在西线应让对方首开战端。抽调尚可动用的兵力加强西线陆军一事，由陆军总司令决定。

THE ATTACK ON POLAND

闪击波兰

海军

只有在法国首先采取敌对行动之后,方可对它实施攻击。这种情况一旦出现,为对付英国而下达的命令,就同样可以用来对付法国。

空军

只有在法国首先攻击德国领土之后,方可对法国实施攻击。在这方面应遵循的原则是:应避免由于德国方面采取的措施而导致空中战争爆发。总之,空军在西线作战的出发点是:在打垮波兰之后,空军仍然有力量同西方列强进行决战。

四、国防军统帅部1939年8月25日下达的X－命令(指挥参谋部／国防处1939年第2100号文件,绝密),从1939年9月3日开始对整个国防军有效。

整个经济应转入战时轨道。

民事部门的进一步动员措施,由国防军统帅部根据帝国各最高当局的建议来制定。

(签字)阿道夫·希特勒

关于第二号作战指令第四条(X－命令)的说明

根据国防军统帅部／指挥参谋部／国防处1939年第2100号文件,即1939年8月25日下达的X－命令(决定进行局部动员,但力求避免宣布战争状态),国防军统帅部国防经济参谋部,在同一天向下属机构下达了一份文件(国防军统帅部／国防经济参谋部／军备处一科第2058号文件,机密,受托人门德森－伯尔肯签字),文件的以下条款摘录自国防军统帅部的命令,传达到帝国各最高当局和国防军各军种,具有普遍的意义。这些条款是:

一、领袖兼帝国总理已下令对国防军主力部队进行秘密动员(X－

方案)。根据领袖的命令,将对一部分党卫队常备预备役部队进行动员并将其编入陆军。

第1个X-日是1939年8月26日。

同一天,领袖已授权陆军总司令在"东线"和"西线"的陆军作战地区内行使行政权。在越过帝国东部边界之后,作战地区将随着部队的推进而向东扩展。

对斯洛伐克要执行特殊规定。

二、X-方案并不涉及到所有的民事部门。它只是要求将这样一些措施付诸实施,这些措施对保证国防军的动员和保持己方的工作能力来说是必需的,但迄今还没有被作为预先措施付诸实施。

三、所有行动和要求都必须以平时制定的法律为依据。根据1938年9月4日的帝国防御法,防御状态或战争状态不予宣布。

四、征召替补人员。

目前,所有需要人员的单位都必须设法依靠现有人员做好工作。

五、经济

所有措施都必须服务于这样一个目的:在最大限度地保护整个经济的情况下,使"经济和四年计划"全权代表与国防军统帅部之间确定的,企业集团中的重要经济企业的实际供货能力(生产能力)和食品经济,能达到X-方案规定的水平。

六、此命令只许摘要传达。

从希特勒的这份"第二号作战指令"我们可以看出,在这个指令中,他仍然如一号作战指令中那样,指挥他的军队"仍是快速而胜利地结束对波作战行动",并且"将重要兵力从东线调往西线一事,仍须由我决定",最后又补充道:"根据第一号指令制定的西线作战原则仍然有效。"

▲ 法军小股部队对德军的袭扰,对波兰战局根本不起作用。

THE ATTACK ON POLAND 闪击波兰

二战经典战役全记录

是什么使得希特勒对于自己的西线如此放心,要知道在那里对德宣战的法国屯集了重兵,并随时有可能向德国发起进攻。而陷入绝境的波兰人从战争打响的第一天即开始向英法求救,他们可是曾经签署过协议的啊!

而英法的表现又如何呢?

就在9月3日,法国对德宣战的不久,法军总司令甘末林将军致电波军总帅斯米格威－雷兹,告诉他请相信法国人的友谊,并通知元帅,他将于第二天在陆上开始对德的战斗行动。这一电报使苦苦作战的波兰人松了一口气,盟国的加入势必会大大缓解目前的紧张局势,但波兰人上了法国人的当。法国总司令除了拍了这样一份电报及以后其他几份电报外,并没有采取任何有效的实际措施。英、法两国的官员似乎都不吝给予苦战中的波兰人自己的同情,并慷慨地进行建议,但对于实际出兵进行地面或者空中有效打击的诺言,却迟迟未能履约。

英国外交大臣哈利法克斯对波兰驻伦敦大使拉斯津斯基表示,他"同他一样悲痛",但是他的政府"不能分散为采取决定性行为所必需的兵力"。英国的军队参谋总长艾恩赛德将军在其答复波兰军事代表关于向波兰提供紧急援助事情的时候,竟然荒唐地建议波兰向中立国家购买武器。法国对波兰人请求援助的答复基本一样。1939年9月8日,波兰驻巴黎的武官在报告中写道:"到1939年9月7日10时止,西线实际上并无战事。法、德双方都没有相互射击。空军迄今也没有采取任何行动……我的估计是:法国人既不会作进一步的动员,也不会采取进一步的行动。"这就是当时的"静坐战争"。

到了9月9日,在萨尔的法国第二集团军群的10个师在宽32公里的正面突击齐格菲防线的前地,总共向纵深推进了3－8公里不等,德军不战而撤到其主要重地,法国的这次推进无异于后世常说的"做秀",仅是为了缓和当时舆论的压力而做出的象征性的"姿态"。仅以如此少的兵力进攻已经不能令人信服,更不用说进攻到中途即停止了。

这种停止进攻,当然不是某军队领导人的单独决断,而是一项政府和军方做出的决定，是在9月12日的阿布维尔举行的盟国最高军事会议的第一次会议上做出的。事后，一位法国的历史学家这样评论：

> 1939年9月12日盟国最高军事会议在阿布维尔做出的决定不仅是自食其言，而且是地地道道的不战而降。英吉利海峡两边那些在英法联盟中指导战争的人对此负同等责任。

而盟军对波兰政府隐瞒了此事。更为令人遗憾的是，盟军甚至公然地欺骗波兰领导人，说了很多不实之词。9月14日，甘末林曾向波兰驻法军事代表团团长表示：

> 盟国最高军事会议的最近这次会议确定，法、英决心保证尽一切可能援助波兰。援助的方式在同英国盟友仔细分析总的形势之后已经共同商定。我可以向您保证，任何一种直接援助波兰及军队的时机都不会轻易放过。

像这种伪善地掩盖其对盟友的背叛行径的文件，在世界历史上也是罕见的，这不仅仅是一个国家的信誉的悲哀，也是第二次世界大战所有受害者的悲哀。

与英法的这种表演相配合的是希特勒色厉内荏的宣传机器，在进行激烈的入侵波兰战争的同时，德国的宣传机器极力想让英法相信，德国在西部拥有坚固的防御工事作为屏障，英法最好不要企图对西线有所行动。而实际上的情况并非如此，西线的齐格菲防线当时尚未完全竣工，它的工事也决不可能抵挡法军的突袭或者抑制大规模的正面冲击。德国将军蒂佩尔斯基希指出："西线远不如马奇诺防线坚固，且有一部分尚在构筑之中，对于决心进攻的敌人来说，它并非是不可逾越的障碍，也不能补偿兵力之不足。"

THE ATTACK ON
POLAND 二战经典战役全记录
闪击波兰

另一位希特勒军事上的得力助手哈尔德将军对西线这样评论：

> 只有几乎完全不顾我们的西线边境，我们才有可能在对波兰的进攻中取得胜利。如果法国人当时看出了局势的必然规律，利用德军在波兰交战无暇分身的这个机会，他们本来是有可能在我们无法防御的情况下跨过莱茵河，威胁鲁尔区的，而鲁尔区对德国作战具有莫大的决定性意义。

另一位德国将军说：

> 如果说我们没有在1939年崩溃，那仅仅是由于在波兰战役期间，英法两国将近110个师在西方对德国的23个师完全按兵不动的缘故。

在当时的形势下，英法军队的那近110个师本可以采取果断的行动对德国进行打击。在波德开战的第一天，在西线可以抵抗英法联军的只有德国C集团军群的31个师。9月3日英法对德宣战后，德国不得不调动若干步兵师来加强西线，而这种调动是极花费时间的。直到9月10日，德国的C集团军群才增加到43个步兵师，而在这其中，仅有近11个基本步兵师是算得上合格可以作战的，其他的多为机动的新编军队，就其训练和技术装备而言，根本不能与当时的运动战相配合，何况其中一部分还在开往集中地域的途中，而且既无坦克又无摩托化步兵团。

在盟军方面，特别是在法国方面，他们是占绝对的优势的。

在步兵上，法国在战争爆发以前进行了秘密的动员，并将组织的军队开往法德前线，到9月10日，法国已经在前线屯积了将近90个兵团。

在炮兵和坦克数量上，法国也是远远超过德国的，其时德军在西线所部署的火炮不过300门，而法国有1,600门，是对方的5倍还要多。法国当时有2,000辆坦

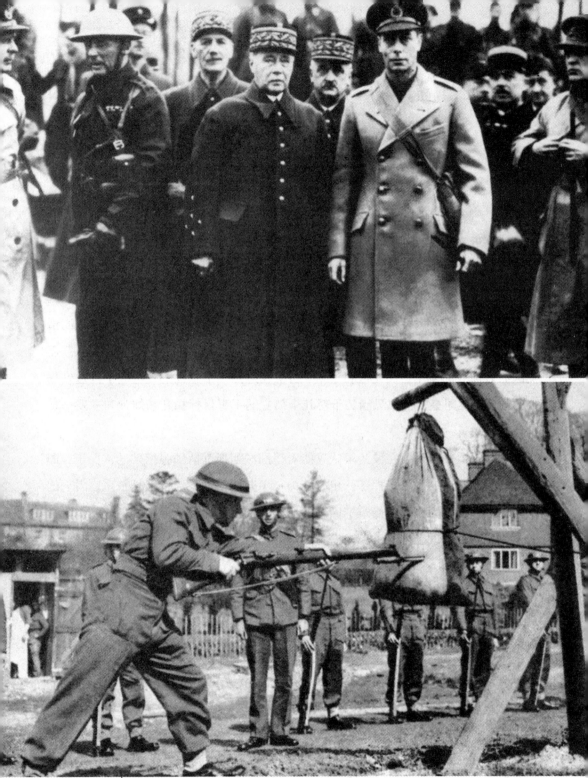

▲ 英国国王乔治（右）与法军总司令甘末林视察马奇诺防线。
▲ 英国远征军士兵正在进行训练。

克,而那时德军的坦克都被抽调到波德前线去了。

在空军方面法军也占有绝对的优势。英国那时约有1,500架作战飞机,其中有1,144架是轰炸机和战斗机,法国掌握的现代化作战飞机也不下1,400架,二者之和能达到近3,000架,而德军的指挥部此时将空军力量全部投入了对波兰的军事打击。可见,在1939年9月,盟军可以使用近3,000架现代化飞机来对付德国。可是尽管盟军方面在西部边境的兵力和武器上占有巨大的优势,他们对波兰这个国家的覆灭还是没有采取有效的措施。法国的司令官曾给波兰人发了一封表示同情的电报:"我们全心全意地分担你们的痛苦,并对你们顽强的抵抗充满信心。"而英国派赴前线的空军也多是应付了事,仿佛在遵照一个意在避免造成平民过度伤亡的政策,英国皇家空军只满足于对几个孤立的军事目标扔几颗炸弹和散发一批批反战传单。

当然,退一步讲,在波兰军队只能对德国法西斯部队勉强招架的情况下,即便盟国发动进攻,德军指挥部队也有能力把军队调回西线,特别是空军,因为德国在备战过程中,在国内修筑了四通八达的交通网和机场。但即便是如此,盟国的进攻却可完全改变当时波兰的悲惨处境。法国学者博弗尔将军对此事后进行了这样的评论:

> 如果盟国发动进攻,便会对战争后来的进程产生影响,我们可以使自己的军队获得战斗的经验,改组自己的最高统帅部,检验我们的作战观点……如果这样做,进行1940年的交战时,我方就会有更多的王牌可以打出去。

可是,英法联军既放弃了打击德国的机会,又放弃了可以锻炼的机会,他们的军队躲在建好的工事和挖好的壕沟里静静地等待德国把波兰灭亡的战争结果。他们的政府背叛了他们自己许下的诺言,也许是太过于害怕战争的缘故,但这仍然是一个悲剧，不仅是波兰、德国或者英法两国的，而是所有在即将开展的更大规模的战役中的人们和他们的国家的。

☆ "雅典娜"号的沉没

9月3日，就是在英法对德宣战后不久，远在大洋彼岸的美国总统罗斯福，就当时的欧洲战事发表了他个人著名的"炉边谈话"。他告诉他的人民说，直到那一天的清晨，他都还在幻想奇迹会出现，期待人们可以阻止这一场战争的爆发，但是就目前的事实而言，和平已经不可能了。

他告诫美国的人们：

> 你们必须在一开始就掌握住国际间外交关系中存在的一个简单而不可更改的事实。只要世界任何一个地方的和平遭到了破坏，那么世界上所有国家的和平也就处于危险之中。
>
> 你我都可以耸耸肩，轻松地说，发生冲突的地方距离我们美国大陆，距离我们整个美洲这个西半球有几千英里之遥，对我们美洲国家没有严重影响。尽管我们殷切地希望置身于纷争之外，但现实却迫使我们认识到，通过广播传来的每句话，在海上航行的每艘船，正在发生的每次战斗，无不与美国的前途息息相关……
>
> 我们的国家可以保持中立国地位，但我不能要求每个美国人在思想上也保持中立。甚至一个中立者也有权认清事实，甚至对于一个中立者，我们也不能要求他昧着良心。
>
> 我不是一次，而是多次地说过，我经历过战争，我痛恨战争。这话

▲ 罗斯福号召全体美国人民团结起来。

  我还要一次、再次地说下去……
   只要我力所能及，我一定不让和平在美国遭到扼杀。

  罗斯福之所以做出这次讲话，确实有他的苦衷。在1935年左右，正当欧洲大陆阴云密布、战争阴影越来越浓的时候，远在大洋另一处的美国本土掀起了一股孤立主义的浪潮，简单说来，成千上万的美国人都在这一刻祈求战争不要发生，而且特别不希望美国介入战争的任何一方，在当时的美国人看来，对于美国本土以外的事情最好不要去管它。于是在这股浪潮之下，国会通过了所谓的中立法案，其主要内容是，在国外发生战争的时候，美国对一切交战国实行武器禁运，企图以此来阻止战火向美国的蔓延。出于国内压力，罗斯福不得不签署了这份法案，但是出于对欧洲乃至整个世界的安全形势的考虑，罗斯福还是希望美国人能够正视这场战争，而不是远远地逃开，不闻不问。

最后，罗斯福总统号召全体美国人民团结起来，"在这个时刻，请允许我提出直率的请示，暂时停止派性的斗争，把国家统一的念头作为一切其他想法的基础。"而就在罗斯福在进行这个讲话的时候，28个美国公民在大西洋丧了命，这或许刚好证实了罗斯福的那句话：

"通过广播传来的每句话，在海上航行的每艘船，正在发生的每次战斗，无不与美国的前途息息相关。"

9月3日晚9时，在大西洋的海面上，英国的邮轮"雅典娜"号正行驶在由利物浦到蒙特利尔的途中，船上共有1,400名乘客，虽然整个欧洲都笼罩在战争的阴云之中，邮轮"雅典娜"号上的人们还是尽量利用一切机会来娱乐。那时他们有的在大厅跳舞，有的在餐厅喝咖啡、香槟或者白兰地，有的则在后甲板上边散步边看海天夜景，还有人呆在自己的舱房里，很多晕船的旅客已经早早地睡下了。

突然船体剧烈地抖动一下，仿佛是撞上了暗礁，接着发生了巨大的爆炸，当一些人还没有回过神来的时候就已经失去了生命。另一些幸存的人则四散奔逃，寻找救生的法子。

邮轮遭到了武装攻击，船长迅速做出反应，马上组织抢救工作。整个船体在下沉，船长一边命令发出紧急呼救信号，一边将情况立刻报告给公司总部。船长环视四周，在茫茫大海上没有看到附近有任何船只，也没有接到任何武装航轮的警告。那么，攻击是从哪里来的呢？经过初步分析，可以确认邮轮是被潜艇发射的鱼雷击中的。

9月4日早晨，英国政府正式宣布：就在昨天晚上，英国横越大西洋的"雅典娜"号邮轮，在赫布里底群岛附近的水域被德国的潜艇用鱼雷击沉，共有112人丧生，其中包括28名美国人。

正在对波兰发动战争的希特勒听到这个消息十分生气，他大发雷霆，指令他的海军上将埃里希·雷德尔和潜艇司令卡尔·邓尼茨对此事进行调查。因为当时德国军队对波兰的战斗刚刚进入第一阶段,希特勒多次要求武装部队要对英国和法国采取军事行动必须经过他的批准,就连海军将哪些海域宣布为危险区以及危险区的范围有多大也要由他批准。对于希特勒来说,他还远远没有做好对付英国和法国的准备,特别是拥有强大海军力量的英国。

于是雷德尔和邓尼茨前往出事地点进行了调查,后来他们向希特勒汇报说,他们的潜艇根本不可能靠近所说的出事地点,而且在任何情况下他们的部队都恪守元首的指令,不会攻击客轮的。希特勒相信了手下的话,于是他便怀疑这是英国即将上任的首相丘吉尔所为。丘吉尔从前是英国的海军大臣,希特勒断定这是英国企图制造的一个激怒美国人民的事端,所以希特勒把他未来的强劲对手丘吉尔大骂了一通。

于是,德国力图使这一事件与自己完全摆脱干系。就在9月4日,"雅典娜"号邮轮被击沉的第二天,在柏林,国务秘书魏茨泽克约见了美国驻柏林代办亚历山大·寇克。国务秘书告诉美国代办,"雅典娜"号的沉没与德国没有任何牵连,因为没有一艘德国舰艇到过出事地点附近,德国国务秘书希望美国政府能对此事保持理性态度。其实当国务秘书对美国代办讲这番话的时候,他自己心里也没底。于是他在当天晚上找到了海军上将雷德尔,想从他嘴里探听点虚实。雷德尔向这位国务秘书保证"不可能有任何一艘德国潜艇牵扯在内",心里略为安慰的国务秘书劝雷德尔向美国解释此事,以缓解紧张的局势。

不过几天过去了,雷德尔在消除"雅典娜"号可能产生的对美国的影响方面,没有采取任何行动,对此十分不满的外交部长里宾特洛甫亲自督促雷德尔进行解释。在里宾特洛甫的再三催促下,雷德尔终于在9月16日,"雅典娜"号沉没的十几天后,把美国大使馆的海军武官请到了他的办公处,以官方的口吻告诉他,作为海军上将,他现在已经收到了德国所有海军潜艇的报告,调查结果十分肯定地证实,"雅典娜"号绝不是德国潜艇击沉的,接着雷德尔又向武官提了一个要求,希

▲ 1939年9月3日，英国邮轮"雅典娜"号被德国潜艇击中尾部下沉。

望他能将这一情况以公文的形式向美国政府通报。事实上,这位美国海军武将就是这么做的。只是由于他没有在向华盛顿发报告的时候使用密码,所以马上就被德国的情报机关截获。里宾特洛甫在得到这一消息后,终于松了一口气。

在这种没有任何真凭实据的情况下,美国或者英国政府很难对此做出相应的反应,双方都踌躇着,无法对此事进行进一步的追究。

"雅典娜"号到底是怎么沉没的呢?这个秘密一直到战后的纽伦堡审判才真相大白。在纽伦堡的法庭上,德国的海军潜艇司令卡尔·邓尼茨叙述了整个事情的过程。

原来,当他受命与雷德尔一起进行调查时,出海活动的潜艇并没有完全都返回,其中有一艘由兰普少校指挥的U-30号潜艇。直到9月27日,这艘潜艇才回到了德国的本港。当邓尼茨前去迎接该艇时,他遇到了艇长兰普上校,兰普上校要求与他单独谈话。他告诉邓尼茨,在北部海峡击沉了"雅典娜"号的大概就是他。按照海军上将的指示,他本来在对不列颠群岛的航线入口上可能出现的武装船只进行监视,他用鱼雷击沉了一艘船,因为他怀疑这是一艘正在巡逻的武装商船,但随后他从无线电中得知,这条船就是"雅典娜"号。

邓尼茨立刻派兰普上校坐飞机到柏林向海军作战参谋部面述一切,同时邓尼茨采取措施,命令所有得知此事的人严守秘密。当天深夜,也就是第二天的清早,邓尼茨接到了海军上校弗立克转来的一个命令:

(1)这一事件应予彻底保密。

(2)海军总司令部认为并无召开军事法庭的必要,因为司令部已经查明,该舰长的这一行动并非有意。

(3)政治上的解释将由海总处理。

或许是出于一点良知,邓尼茨没有参加希特勒否认德国潜艇击沉"雅典娜"号的政治宣传活动。但是邓尼茨参加了毁灭罪证的工作，在他的命令下，海军把U－30号潜艇的航海日志上提到的关于"雅典娜"号的记录全部涂抹掉。同时，他也把他本人日记里记录的与此事有关的内容完全作了删除。此外，他还要求所有U－30号艇上的人员宣誓对此事保守秘密。

于是这件事在战事愈发纷乱的情况下越来越淡，而希特勒不可告人的秘密不只这一个，他所做出的承诺是很难让人信服的。在"雅典娜"号事件发生后不久，即9月4日，德国潜艇全都接到了同一个通知：

"元首命令，不得对任何客船，即便有军舰护航的客船，进行袭击。"

可是，据当时及以后的英国军方统计，9月5日和6日，英国的"波斯尼亚"号、"皇笏"号、"里奥·克拉罗"号先后在西班牙沿海被击沉。并且，从9月3日，即英法正式对德宣战后不久，德国海军先后共击沉了英国11艘英国的舰艇，其吨位达到了64,595吨。

第6章

CHAPTER SIX

熊羊鹰的较量

"值得注意的是,当战争已成过去之后,那些老百姓从躲避的地方又都钻了出来,他们看到希特勒坐车经过,居然向他欢呼,并且还向他献花。**希维兹**镇上也都悬挂了我们的国旗。希特勒的访问战地对于前线部队而言是能产生良好的印象。不幸的是,当战争打下去之后,希特勒亲临前线的机会也愈来愈小;而到了战争的末期,简直就不再去了。因此他和部队完全丧失了接触,从此,他对于他们的成就和痛苦也再不能够了解。"

☆ 火车上的办公室

正当波兰境内德军和波军打得不可开交的时候，在德国的柏林，在希特勒的总理府内也是忙做一团。

波兰前方的战事进行得不能再顺利了，即使是处理前线战报或者是发送指挥命令也不会如此兴师动众，原来忙碌的人们竟在搬运东西，总理府为什么会忙成个样子？

这是因为希特勒要把他的办公地点从总理府高雅宽敞的大理石厅转移到他的"亚美利加"号元首专列上去。希特勒要乘车去前线视察，并准备在火车上处理东线和西线的战事。

1939年9月3日21时，"亚美利加"号元首专列开出了柏林火车站。

希特勒的专列是一列特制的火车，它由两个火车头来牵引，车身超长，加在一起共有15节客车车厢，前后还各配备有一节装甲货车车厢，里面装载着20毫米口径的高射炮，以防不测。在车头方向紧挨着高炮车厢的，即是希特勒的工作车和寝车。而希特勒的工作车厢是这辆元首专列的核心部分，在这里有一个长长的会议室，占据了这个车厢的一半，车厢的另一半则是通讯设备。在会议室的中央，是一个大大的地图台，这位第三帝国的元首最喜欢做的事情就是站在地图边筹划下一步的计划。在他旁边的通讯中心则不断地用电传打字电报机和无线电话跟前线的各军事指挥部以及柏林保持着密切的联系。

就希特勒而言，他个人不指望在其专列上建立一个井然有序、名副其实的军事指挥班子，但是他对于通讯和技术设备，却有着严格的要求。如他所愿，在这辆元首专列上装备了最好的通讯设备和其他的技术设施。除了这些当时尖端的设备外，在车上集合了最高统帅部长官凯特尔和作战局局长约德尔及其副官和元首的副官，

THE ATTACK ON
POLAND 二战经典战役全记录
闪击波兰

还有从陆军、空军调来的联络官，这样希特勒就可以开展他的工作了。如同古德里安坐在装甲车里指挥装甲部队一样，希特勒可以坐在列车里指挥整个国家。

在火车上如同在总理府一样，棕色的纳粹党制服主宰着这个地方。它无时无刻不在提醒着人们，这里，乘坐的是一位元首，他所要从事的，是一件至高无上的事情。

一般说来，只有希特勒的副官才能住在那里，就连元首大本营的新任司令隆美尔也不能住在这列火车上。不管怎样，希特勒几乎不干预波兰战役的指挥。他总是在上午9点出现在指挥车厢里，听取约德尔关于上午形势的汇报，并且查阅从柏林空运来的地图。

今天，约德尔向希特勒报告的情况有些长，主要是德国进攻波兰的进程已经进入到最关键的时刻。北方集团军群的第四集团军已经切断"波兰走廊"，到达了维斯瓦河下游地区，而北方集团军群的第3集团军则继续向南逼进，现在已经抵达了纳雷夫河，与波兰的首都华沙遥遥相望。南方集团军群的第10集团军已经渡过瓦尔塔河，其先头部队已经渡过波利察河，也正在向华沙方向推进。同时第14集团军正从两个方向对克拉科夫实施钳形攻势，等等。

听完约德尔的报告后，希特勒先是问了一下西线的形势，这一问题是他现在以及未来一段时间最为关注的一个问题。这主要是因为驻守在483公里西线的边防德国军的30个师中，只有12个师是可以用的，而其他的则极为薄弱。如果当时的法国出兵，出动其庞大的110个师前来进攻的话，德国将不得不陷入两线同时作战的危险，这让希特勒极为担心。而当冯·伏尔曼上校总是以"西线很平静"来回答时，希特勒对这样的回答极为满意。

9月4日上午8点，元首专列准时停靠在波美拉尼亚火车站，在这里等候迎接希特勒的是北方集团军司令博克将军和隆美尔。希特勒一下车，他们即向他作了简要的汇报，然后三人动身开始对整个战区进行全面的巡视。

此时德军正以锐不可当之势向北朝着托伦推进，海因兹·古德里安的装甲部队正开入他的出生地——切尔诺。这里的土地长期以来浸渍在德国人的血泊之中，古

▲ 希特勒乘坐"亚美利加"号元首专列到前线视察,这是他与里宾特洛甫下车散步。

▲ 德军装甲部队推进到华沙郊区。

THE ATTACK ON
POLAND 二战经典战役全记录
闪击波兰

老的德国土地又回到德国人的掌握之中。无论走到哪里,希特勒都被喜气洋洋的士兵团团围住,他们觉得这是个具有历史意义的时刻,凡尔赛的耻辱终于被洗刷。这一天,他巡视了塔克勒海德战场,一个强有力的波兰军团被包围在那里,他们正在拚命突围。

由于双方力量悬殊,屠杀的结果,是在那里的道路上留下一片触目惊心的景象。希特勒从无线电里获悉,克拉科夫现已在德国人手里。正如他预料的那样,大部分波兰军队已陷入维斯瓦河西部的陷阱里了,而调集在波森攻打柏林的强有力的部队现在已是无的放矢,而且又孤立无援,远远离开了主要战场。

到9月5日,德国的第10军团深入波兰97公里,并已相当接近首都华沙。第10军团的左翼,第8军团正向罗兹挺进,在右翼,第14军团准备攻占克拉科夫。兴高采烈的希特勒在视察北方战场时对闪击战达到的如此成效又吃惊又高兴。

我们经过了被毁灭的波兰炮兵团,经过希维兹,再紧跟着我们包围部队的后面,驶向格劳顿兹。在那里他停留了一会儿,看看维斯瓦河上面的那些已被炸毁的桥梁。当他看到那些被毁的波兰炮兵团的时候,希特勒向我问道:"这是我们的俯冲轰炸机所干的么?"我回答道:"不,是我们的战车干的!"他不禁吃了一惊。在希维兹与格劳顿兹之间,凡是不必参加包围作战的第3装甲师部队,都调齐了让希特勒亲自视察一番。以后我们又去视察第23师和第2师的各单位。一边走,我们一边谈论到这一次我军作战的经验。希特勒问我死伤了多少人,我把我最近所得来的数字告诉他:在全部走廊战役中,我所指挥的4个师大概一共死了150人,伤了700人。他对于这样小的死伤数字,不免感到很奇怪,以他在第一次大战中的经验对比:他那一团人在作战的第一天就死伤了两千。我就告诉他这一次敌人固然也很坚强勇敢,但是我们的损失却能这样的小,其主要原因就是因为我们的战车能够发挥高度威力的缘故。战车实在是一个"救命"的武器。由于走廊之战的成功,可以使装甲兵声威大振。敌人的全部损失有两三个步兵师、整个骑兵旅,我们俘获了好几千战俘,数百门大炮。

对于所到之处,希特勒受到了各种各样的欢迎,古德里安这样记述道:

> 值得注意的是,当战争已成过去之后,那些老百姓从躲避的地方又都钻了出来,他们看到希特勒坐车经过,居然向他欢呼,并且还向他献花。希维兹镇上也都悬挂了我们的国旗。希特勒的访问战地对于前线部队而言是能产生良好的印象。不幸的是当战争打下去之后,希特勒亲临前线的机会也愈来愈小;而到了战争的末期,简直就不再去了。因此他和部队完全丧失了接触,从此他对于他们的成就和痛苦也再不能够了解。

希特勒对于前方部队的成就表示了一番赞扬,就在黄昏的时候离开了,回到他自己的统帅部。

希特勒笨重的专列——"亚美利加"于9日开往上西里西亚,最后停在伊尔脑的一条铁路侧线上。走廊里宜人的风停止了,为了伪装,车体都涂上了灰色,车厢内的温度升高了,车厢外的空气弥漫着9月中旬的热灰尘。他的秘书克里斯塔·施罗德忧愁地写道:

> 十天来我们一直住在火车上,地点在不断变换,由于我们——达拉和我——从未离开过火车,所以我们感到生活非常乏味。天气热得令人难以忍受,简直可怕得很。太阳整天照射着车厢,面对热带的炎热天气,人们无能为力。我身上起满了泡,简直令人厌恶,而且还无法采取有效

措施加以治疗。早上，首长同他的人乘车离去，我们就只能一而再、再而三地等下去，天天如此。我们进行了一切可能的努力寻找治疗办法，但由于我们在每个地方待得时间都很短，这些努力都未奏效。

最近我们在巡回野战医院的附近住了一夜，正赶上送来一大批伤员。勃兰特大夫做了整整一个晚上的手术，我们指挥部的人也前往帮忙。达拉和我第二天本想替伤员写写家书，觉得以这种方式至少可以为他们做点事情。但结果却没有做成。主治医生虽然对此很高兴并且表示感谢，但因为野战医院是巡回性质的，所以他感到我们的建议并不很合适。当读到你们挖煤的情景时，我羡慕极了。假如我能身临其境该多好啊。至少，可以看到人们是怎样干活的。

我们这些人跟随首长来到波兰，虽然可以大开眼界，但也并不是一件好玩的事情，因为冷枪不断打来。首长对此不以为然，仍然像在德国那样站在行驶着的汽车里，而且是在最显眼的位置上。我认为他这样做未免太轻率，但谁都说服不了他。第一天他就坐车穿过了一个游击队经常出没的小树林。半个小时以前，一个无武装的德国卫生队曾在这里被干掉，只有一名卫生员逃了出来并亲自向他做汇报。

同时，离此地不远的地方，波兰战斗机不断在投掷炸弹。人们估计，波兰人已发现了元首一行。首长非常显眼地站在一个小山丘上，战士们呼喊着万岁从四面八方拥向他。而波兰炮兵部队就驻扎在山下的洼地里。他们当然已看到了人群蜂拥的场面，而且——元首呆在前沿阵地上已不是秘密——完全可以断定是谁待在那儿。半个小时以后炸弹就对着他投了下来。当然，希特勒的出现对战士们来说无疑是一大鼓舞。而且，在危险地带见到元首，对他们的士气也产生了巨大影响。不管怎样，我仍然认为，对他来讲这样做太危险了。

至于下一步与英国人和法国人的事情如何发展，我正拭目以待。但

▲ 在波兰前线视察的希特勒与装甲部队指挥官隆美尔共进午餐。

▲ 波兰海军在德军入侵中的表现让人刮目相看。

愿法国人尽早醒悟，认识到为英国牺牲几百万人是不值得的。如果波兰问题解决得快，那么也就不存在采取下一个行动的基础了。至少我是这样认为。

☆ 波兰永远不会灭亡！

波兰的空军在此次战争中并没有发挥太大的作用。一是由于遭到了德军的轰炸，损失惨重。二是由于波军在战争初期，力图保留空中力量，而未使用其空军对德军进行有规模的打击行动，而到战争的后期，即便是想进行这样的打击也多因战事吃紧或指挥不力，更因为德国空军强大的制空力而无法展开。

波兰的陆军从一开始便陷入与德军飞机坦克的周旋中，其损失和伤亡程度不必细言。在整个波德战争的过程中，波兰的陆军几乎一直处于被动挨打的境地，地面部队中所有的坦克和装甲部队因其散落在步兵之中，未形成一定规模，因而也没有对德军产生较大的威胁。

而波兰的海军，在这次战争过程中，却是让人刮目相看的。这主要是因为，波兰本具有一定规模的海军力量，另一方面，就德国而言，直到开战时，德国的海军力量也未像他们的空中或地面部队那样形成绝对的威慑。

尽管波兰海军水面舰艇在战争的最初阶段逃的逃，败的败，几乎已经损失殆尽，但是波兰潜艇仍然是一支十分有威慑力的战斗力量。在开战初期，波兰海军就把所有的潜艇全部派往海上。由于波兰潜艇对德国的巡洋舰和其他军舰构成严重威胁，德国海军下令巡洋舰退出东波罗的海。同时德国海军对波兰潜艇展开了严密的搜索和围剿。9月2日和7日，德国海军的反潜驱逐舰向"威尔克"号投掷了42枚深水炸弹，"威尔克"号的舰体受到了损伤。由于德国空军不断对海尔基地进行轰炸，"威尔克"号在那里修复的希望被破坏了。在这种状况下，波兰海军司令部命令它驶往英国或瑞典。艇长克拉夫齐克少校决定前往英国。9月15日，"威尔克"号向退守到海尔基地的波兰海军司令部发来了电报：

"已经驶过松德海峡。正在加速驶往英格兰。波兰永远不会灭亡！"

"九月"号潜艇也经受了德国飞机和军舰的多次攻击，15日向海军司令部报告："柴油机损坏。无法继续战斗。准备驶往斯德哥尔摩。"

燃油和给养消耗殆尽而又伤痕累累的"烈斯"号在9月18日也前往瑞典避难。

这样，仍在海上的波兰潜艇就只剩下了"奥兹尔"号一艘。它在战争爆发之后遭到过德军的攻击，受了轻微损伤。9月10日，艇长科洛茨科夫斯基突然生病，而且病况恶化得很快。同时艇上的空气压缩机也发生了故障。"奥兹尔"号潜艇于14日晚驶进了爱沙尼亚的塔林港，艇长被送进了当地医院。

接下来发生的事情很有戏剧意味。在把艇长送上岸之后，这艘潜艇本来要驶往外海躲避德国的围剿，但是爱沙尼亚政府拖延了潜艇的离港时间，理由是一艘德国商船刚刚离开塔林港，波兰潜艇必须在德国商船离开24小时之后才能出港。在德国的压力下，9月16日，爱沙尼亚开始解除"奥兹尔"号的武装。爱沙尼亚当局拿走了它的大炮尾栓、全部炮弹、10枚鱼雷，以及全部航海图。爱沙尼亚政府还准备拘留船员，但是艇上的波兰水兵在新艇长格鲁钦斯基少校的带领下，准备不惜一切代价继续战斗。

艇上官兵趁停电之机制服了两个爱沙尼亚警卫，砍断了系泊缆绳，然后毫无困难地驾驶潜艇驶离了码头。但是爱沙尼亚方面很快注意到波兰潜艇的消失，港口内的警备军舰和港外的炮台纷纷向"奥兹尔"号开火，"奥兹尔"号悄悄地滑进了港外30米深的海水中。但是艇上的海图全部被爱沙尼亚当局没收，航海官莫科尔斯基少校完全凭记忆绘出了两张波罗的海的海图。大炮已经不能使用，但是艇上还有6枚鱼雷，爱沙尼亚当局没有来得及卸下来。波兰水兵一边小心翼翼地驾驶潜艇向西驶去，一边寻找目标。10月8日晚上，奥兹尔号抵达松德海峡，然后穿过了赫尔

▲ 1939年10月5日，德军部队行进在华沙市中心。

辛堡和赫尔辛格之间的狭窄海峡，又穿越了卡特加特海峡。

到了10月12日，"奥兹尔"号潜艇驶入北海。14日，它用微弱的无线电信号同英国海军部取得了联系。皇家海军"勇武"号驱逐舰在福斯湾附近与"奥兹尔"号会合，并一同前往罗塞斯海军基地。在那里，经过修复之后，"奥兹尔"号潜艇参加了皇家海军第二潜艇战队。

而波兰的其他3艘驱逐舰于1939年9月1日抵达英国。在第二次世界大战全面爆发后，英国向波兰海军提供了巡洋舰、驱逐舰和护航驱逐舰等等。在斯维尔斯基上将的领导下，在伦敦成立了新的波兰海军，参加了围歼"俾斯麦"号、"沙恩霍斯特"号，以及大西洋护航、诺曼底登陆等著名战斗，击沉了轴心国的11艘水面舰艇、8艘潜艇和30多架飞机。

波兰的历史学家们回忆整个波兰海军的海上和陆上战役时写道：

……在1939年9月，波兰的海军将士们在波兰民族历史上，书写了光辉的一页。他们面临如此强大的敌人，没有盟友的援助，与其余的战友隔绝，除了勇敢之外别无优势，这一切都没有磨灭他们英勇不屈的斗志。强大而凶残的纳粹没有击倒他们。他们最后放下武器，并不是懦弱贪生，而完全是由于听从上级的命令。波兰海军的白红双色旗帜将永远飘扬在七大洋之上！

☆ 熊的背后一掌

在德波战争刚刚爆发之时，纳粹德国的领导人就催促苏联出兵波兰，因为在他们看来，苏联出兵将会加强德国的声威，使得英法两国更加不敢轻举妄动，从而使德国可以更加从容地消灭波兰,他们甚至希望苏联的出兵会使英法两国也向苏联宣战。果真如此,德苏关系可能会更深一层,纳粹德国的处境也将会大大改善。苏联准备出兵,但是要选择"适当的时机"。9月5日,莫洛托夫在答复德国要求苏联从东方进攻波兰时表示"这一时机尚未到来"。到了9月8日,德军已经进抵到华沙城下。次日下午,莫洛托夫向德国人表示,苏联将在几天内采取行动。9月16日,苏联确定了出兵日期。

9月17日,当德国的第十九集团军攻陷布列斯克时,苏联的军队约60万人开进了波兰,按照苏联人的看法,波兰国家和政府已经不复存在,苏联已经不再受从前的苏波互不侵犯条约的束缚。为了解释当天的行动,苏联政府向波兰驻莫斯科大使递交了一份照会,在这份照会里说道:

> 波兰政府已经崩溃。
>
> 实际上波兰国家和政府已不复存在。因此,苏波之间缔结的条约已归于无效。
>
> 苏联政府对居住在波兰境内的同胞——乌克兰人和白俄罗斯人的命运不能采取漠不关心的态度,这些同胞被抛弃,任人摆布而毫无保障。
>
> 鉴于这种局面,苏联政府命令红军总司令部所属部队越过国界,去把西乌克兰和西白俄罗斯居民的生命财产置于自己的保护之下。

实际上,整个波兰政府是在1939年9月17日傍晚离开本土的,而总司令部是在9月18日清晨,即苏联红军进入波兰24小时后才离开波兰的。

就在凌晨5时40分,由米·普·科瓦廖夫率领的白俄罗斯方面军和由谢·康·铁木辛哥率领的乌克兰方面军以7个集团军约40个师的兵力,由20多个步兵师,15个骑兵师和9个坦克旅组成。米·普·科瓦廖夫率领的白俄罗斯方面军的任务是占据从布列斯特-利托夫斯克以北到立陶宛边界的波兰领土,而由谢·康·铁木辛

▲ 德军装甲部队指挥官古德里安（右二）和其他德国军官与苏军将领一起商讨作战计划。

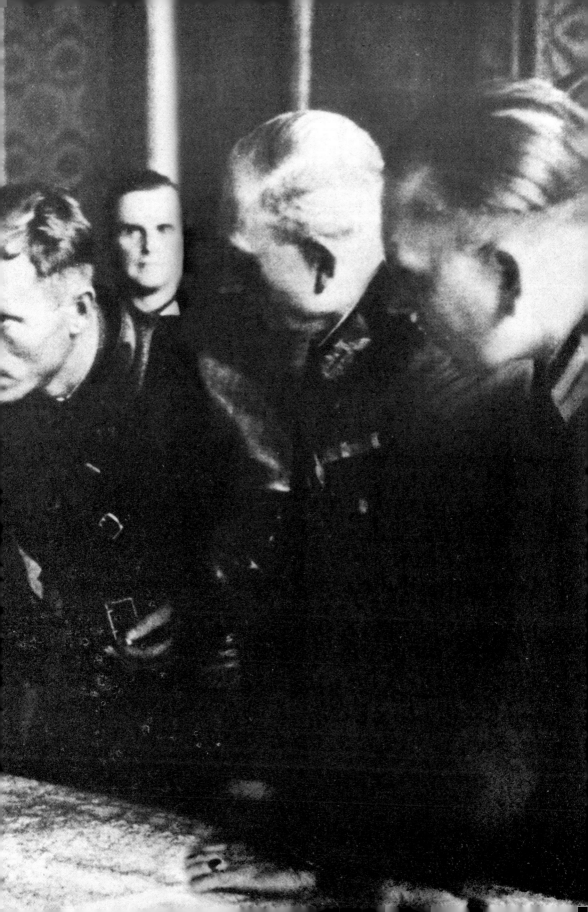

▲ 苏德士兵在布列斯特街头交谈。

THE ATTACK ON
POLAND 二战经典战役全记录
闪击波兰

哥率领的乌克兰方面军的任务是进入普里皮亚特河以南的波兰领土，其中利沃夫是它夺取的目标。在乌克兰方面军最南面的一支部队是第十二军，这是一支机械化部队，它的任务是阻拦企图撤退到罗马尼亚和匈牙利安全地带的波兰军队。在越过长达1,000公里的苏波边境线进入波兰境内后，苏联的快速兵团在8个航空兵群的支援下，迅速地突破了波兰边境，当晚即占领了波列西耶地区。

驻守东部的波兰军队仅由国民自卫队、边防警备队和一小部分预备役骑兵组成，因为波兰从未想到过苏联会如此入侵，特别是在这个时候。起初，波兰的军队还以为苏联红军是来帮助他们的。在一处地方，波兰边防兵团的士兵们发现，在清晨大雾中有一队拉着士兵的马车。"别开枪！"红军战士喊，"我们是来帮你们打德国人的。"边防军战士糊涂了，竟在领头的俄国车上插上白旗——这样，苏联人便大摇大摆地通过了许多地方——未遭一枪一弹的还击。波兰东部便这样陷落了。但是随着苏联的红军向波兰内地的深入，有些苏联机械化先头部队在头两天就已经深入波兰境内100公里，形势也就趋于明朗化了：苏联人不是来帮波兰的！红军所到之处，波兰的军队即被俘虏，然后很快地被解除武装，如果波兰的军队稍有反抗，即会被苏联的军队镇压。

苏联红军的入侵无疑使当时已经面临绝境的波军最高指挥部雪上加霜，在苏波边境上，波兰军队只有25个边防营，这时已经被德国人打得团团转的波兰军队根本没有力气来承受自己背后的这一击。苏军到达利沃夫右侧，波军在该地建立任何形式的桥头阵地的可能性都被摧毁。

1939年9月18日，已经逃往罗马尼亚的波兰军队总司令斯米格威－雷兹元帅命令部队全部撤往罗马尼亚和匈牙利，而不要对苏联人进行抵抗，除非苏联人进攻或者企图解除波兰人的武装。这条命令确实下得过于暧昧，而且该命令也未能传达到全部的波兰军队，一些部队由于未收到此命令，仍继续对苏联的红军进行抵抗，特别是在格罗德诺和科布林等地方，双方展开了激战。同时，苏军的先头部队与德国军队会合。两军商定，西进的苏军与西撤德军之间须保持25公里的距离。22日，

▲ 开进途中的德军车队。

苏军从西撤德军的手中接管了布列斯特要塞,迫使利沃夫守军投降,并占领了比亚韦斯托克,25日,苏军进至布格河、桑河一线。

苏联红军进入波兰东部的突然行动,给当时的德军带来了一些特殊的难题。根据当时苏联和德国签订的《苏德互不侵犯条约》的规定,苏德将沿纳雷夫河－维斯瓦河－桑河一线分治波兰,因此,苏联红军入侵波兰后,就告知当时激战正酣的德国军队,他们应该撤离到该线以西的地方。但是在这个时候,大多数德军还在该线以东忙着肃清剩下来的波兰部队,而且如果此时马上撤退,会使波兰军队有机会再次集结,并可能集体撤退到罗马尼亚或者匈牙利寻求避难。

苏联红军的突然进入所带来的另一个深层的问题,是致使两国的士兵很难区分敌友。在很多场合,德军的军队和苏联的军队是互相开火的,造成了双方人员不同程度的伤亡,当然这样的事件或因此造成的伤亡还是很少的。在接下来的时间里,德军的撤退应该说是井然有序的，而且苏德两国军队之间还存在一定程度的友善关系，在两国的宣传资料中也记载了许多这样的事件。例如，9月22日，在布列斯特－利托夫斯克，德苏两国装甲部队联合游行之后，立刻举行了由两军最高指挥官古德里安和克里沃斯基将军参加的正式宴会。这次正式宴会，是两个强大的战胜国在被侵害的领土上进行的一次饕餮之宴，双方并非那么融合，但好在目的一致，也就省去了众多繁文缛节。

对于这次宴会，古德里安在其回忆录里记述道：

>一位青年军官，坐在装甲搜索车的里面，做了俄国人的前导，他告诉我们有一个俄国的战车旅就在他的后面。于是我们才知道德国外交部长所同意的分界线就是在那里：布列斯特已经划给俄国人，因为布格河就是界线。我们觉得这种分界线对于德国并不太有利；最后我们又获得通知应在9月22日以前撤回到分界线以西去。这个时间实在是很急促，我们要把全部的伤兵运回，即便是把所有损毁的战车修理好都有一点来不及。似乎关于这些外交上的谈判，根本没有军人参加。
>
>在交接的那一天，我的对手是一位俄国的准将，克利弗金，他也是一位战车军官，懂得一点法文，所以我们勉强可以交谈。因为外交部并未给我们以明确指示，所以我就以友谊的方式办理一切移交的手续。我们自己所有的装备都完全带走，但是所俘获的波兰物资却只好留下来，因为时间太短促，我们无法组织一个必要的运输力量来撤运它们。最后举行了一个临别的阅兵礼，并在俄军之前向两国的国旗敬礼，这样就结束了我们在布列斯特－列托夫斯克的停留。

这时对于驻守波兰南部的德军第14集团军来说，执行撤退决定可能会遇到一定的难度，因为该集团军肩负着阻止波兰军队大批涌往匈牙利和罗马尼亚的重任。

9月10日，德军围攻了古城普热梅希尔，与此同时，第14集团军的大部正向利沃夫地区推进。9月12日，德军第一山地师抵达该市，但是他们遭遇到波军的顽强抵抗，德军因此不得不采取一项有限的包围行动。9月13日，德军发起了猛烈进攻，力图夺回这一关键阵地。9月14日，利沃夫被包围。9月20日，德军对利沃夫的包围仍在进行，此时，由伦德施泰特下令，命令第14集团军放弃利沃夫，将其交给苏联红军处理，并向西移动以做休整。然而，此时出乎德军意料的事情发生了，守卫利沃夫的波兰部队突然向德军投降了。

当德国第14集团军向西撤退时，遇到了向南行进的波兰军队，双方发生了几次交战，但大量的波兰军队此时开始绕开德国军队，撤退至安全地带。曾任波兰炮兵军官的斯维克茨基上校回忆说，当时有6万名波兰士兵抵达了匈牙利，另有3万人越过边境到了罗马尼亚，而在北方则还有15,000人的军队到达了波罗的海沿岸的立陶宛。

后来这些流亡的士兵大部分都去了法国，他们在那里又组建了一支新编的波兰军队，这些波兰军队在这期间尝够了战败和亡国的痛苦，而这种痛苦必将伴随他们度过漫长的流亡生涯。一位波兰的军官记录下他进入匈牙利时的情景：

> 在一个秋天的上午，我们穿过秀美的山区，踏上了外国的土地。队伍中的气氛不胜悲哀。我手下的副团长斯大诺茨基少校公然抽泣起来。我们行进了数个钟头都没有见到一个人。在穿过峡谷，前往韦什库夫茨基的路上，到处都是翻倒的车辆和烧掉的文件。骑摩托车到前方探路的团副回来报告说，前面好几公里的路上都没有人。当我们走到离边境只有很短的一段距离的时候，遇到了一队前进的人群和几百辆汽车，再往前是一些山峰和峡谷，然后我们就到边境了。一位热情的匈牙利陆军少校走上来打招呼，他还让我们转告那些长枪骑兵们，他们将在匈牙利过上自在的生活。

在接下来的日子里，德军对剩下的未占领区的波兰军队发起了全力的进攻，而面对德军的强大攻势，波兰依旧固守不降，从库特诺战役中突出重围的波兰军队加强了对首都华沙的防卫。到9月15日，德国第10集团军和第3集团军分别从南方和北方包围了波兰首都华沙。

☆ 未解之谜

苏军出兵波兰，给后人留下了许多未解之谜。

苏波之间的关系一直不是很好。

在8月25日，战争爆发的前夕，伏罗希洛夫在中断苏联同英法进行的军事会谈时，曾经说过这样一番话：

> 在我们会谈的整个期间，波兰报纸和波兰人民不停地在说，我们不要苏联人的帮助……难道说为了把我们的帮助给予波兰，我们就必须先征服它吗？还是我们应跪下来乞求，把我们的帮助献给波兰？这种立场我们是办不到的。

而在1939年8月27日的《消息报》上则刊载了一篇伏罗希洛夫就苏英法三国军事会谈问题对记者发表的谈话，在这个谈话中，这位苏联人把谈判失败的主要责任都推到波兰人身上。在他看来，波兰政府公开宣称它不需要苏联的任何军事援助，也不准备接受这种援助，这就使得苏联同这个国家的任何军事合作都成为不可能了，这就是造成意见分歧和最后谈判破裂的根本原因。

而对于苏联出兵波兰的另一种解释是，面对第二次世界大战爆发的世界局势，

▲ 苏军出兵波兰,给后人留下了许多未解之谜。这是斯大林与伏罗希洛夫在一起。

苏联采取了一系列加强国防的行动,而其中对波兰的出兵,即是为了建立"南方战线"。

据苏联的一位历史学家说:

> 战争开始后的头几天,波兰外交部长贝克和苏联驻华沙大使沙罗诺夫举行过几次会谈,会谈表明,苏联准备让波兰有可能从苏联得到它所迫切需要的物资,其中包括医药用品。苏联大使把签证发给波兰政府的代表,让他到莫斯科就此事进行谈判。这证明苏联政府理解波兰的处境。

而在德国方面出现的却是另一幅图景,德国驻莫斯科大使冯·德·舒伦堡在给柏林的一系列报告中,提到了另一些事情。

THE ATTACK ON

POLAND 二战经典战役全记录
闪击波兰

▲ 苏联外交人民委员莫洛托夫在演讲。

9月10日，苏联的外交人民委员莫洛托夫召见了舒伦堡，外交人民委员首先告诉德国大使，苏联政府"完全没有料到德国会如此迅速地取得军事胜利"。接着，莫洛托夫提出了用什么借口来出兵波兰的问题。当天，就在舒伦堡发给柏林的"特急绝密"的电报中有这样的一段话："波兰正在瓦解，因此苏联有责任援救受到德国'威胁'的乌克兰人和白俄罗斯人。为了使苏联在群众面前师出有名，同时避免使苏联看来似个侵略者，这样解释一下是必要的。"

9月14日，舒伦堡再次被莫洛托夫请到克里姆林宫，苏联外交人民委员通知大使先生，苏联红军将在他们原先计划的时间之前出动，然而，为了师出有名，又必须等到波兰首都陷落之后才能行动。然后莫洛托夫问舒伦堡，德国什么时候可以攻陷华沙？如果苏联出兵要把罪名归在德国人身上，德国政府是否会愿意？第二天晚上，里宾特洛甫对苏联政府的问题作了答复。答复的要点如下：

（1）德军在最近几天之内就可以攻占华沙；

（2）德国欢迎苏联现在就采取军事行动；

（3）苏联想把罪名推到德国人身上，那是绝对不行的，这种做法违背德国的本意，不符合当初在莫斯科缔结的协定，而且会使两国以互助敌对的面目出现在全世界面前。

到了9月16日，舒伦堡向柏林发去了如下的电文：

> 我在下午6点会见了莫洛托夫，莫洛托夫宣布，苏联即将进行军事干涉——也许就在明后天。斯大林正在同军队领导人开会……
>
> 莫洛托夫还说……苏联政府将提出以下的理由作为借口：由于波兰国家已经归于瓦解而不复存在，因此，同波兰缔结的一切协定也归于无效。第三国可能会利用目前出现的混乱局面。苏联政府认为，自己有责任进行干预以保护乌克兰和白俄罗斯族同胞，使这些不幸的人民能在和平的环境中安居乐业。

THE ATTACK ON
POLAND　二战经典战役全记录
闪击波兰

莫洛托夫承认，苏联政府提出的理由在德国人听起来确实有点不入耳，但他要求我们体谅苏联政府的苦衷，不要在这点小事上斤斤计较。苏联政府实在找不到其他的理由，因为苏联以前从来没有过问过住在波兰的少数民族同胞的情况，目前的干涉行为对外说来总得要找一个理由。

就在第二天下午 5 时 20 分，舒伦堡又给柏林发了一份"特急绝密"的电报：

斯大林于 2 点接见了我……他告诉我说，红军将于 6 点钟越过苏联边界……苏联飞机将自今天起轰炸利沃夫以南地区。

于是，苏联红军开进了波兰。

对于苏联在波德战争中的这些举动，或许只有当时担任海军大臣的丘吉尔的视角最为明晰，其评论虽然因多站在大英帝国这一边而略显偏颇，但其高瞻远瞩之处绝非一般人能比。

对于苏联入侵波兰的过程，丘吉尔这样看：

现在轮到苏联来采取行动了。他们现在所谓的"民主"，就要具体表现出来了。9 月 17 日，俄国军队蜂拥地越过了几乎毫无防御的波兰东部边境，在一个广阔的前线地带，以排山倒海之势向西猛进。18 日，它们占领了维尔纳（维尔纽斯），在布列斯特－利托夫斯克和它们的合作者德国军队相会。在上次大战中，布尔什维克党人违背他们和西方协约国所订的庄严协定，就在此地单独和德皇时代的德国媾和，并且屈辱地接受了德国严酷的媾和条件。而现在俄国共产党人，竟和希特勒的德国，就在这个地方，布列斯特－利托夫斯克，握手言欢。波兰的覆灭以及它全部被征服的过程，进行得很快。可是华沙和莫德林尚未被征服。华沙的

▲ 1939年9月1日，德国发动侵犯波兰的战争，丘吉尔在与张伯伦会谈后离开唐宁街首相官邸。

THE ATTACK ON
POLAND 二战经典战役全记录
闪击波兰

抵抗，主要是由于民众激昂的爱国情绪，真是伟大悲壮，但却毫无希望。经过了许多天猛烈的空中轰炸，以及许多从平静的西线通过东西向的主要公路，迅速调来的重炮队的疯狂的炮击，华沙电台终于停止播送波兰国歌，而希特勒便进入了这个一片废墟的城市。莫德林是维斯瓦河下游32公里的一个要塞，曾经收容了索恩的兵团残部，继续苦战，直到28日为止。于是，在一个月中，一切都告结束。一个拥有三千五百万人口的国家就这样陷于残酷的桎梏之中，而对它施加这种桎梏的人们不仅要征服，而且要奴役，甚至要消灭它的广大人口。

对于苏德为什么能够联合在一起，丘吉尔很锐利地看到了维系在这二者之间的一条纽带，并且指出其不稳定性：

  苏联的军队继续向前推进，直到它们和希特勒商妥的界线为止，到了29日，苏德两国瓜分波兰的和约正式签字。我仍然确信苏德之间有深仇大恨，并相信这种仇恨绝难消释，而且我始终希望，苏联一定会由于局势的逼迫而倒向我们方面。

  因此，对于苏联这种无情残暴的政策，我虽然感觉十分愤慨，而且在内阁中，在我周围的人们虽然情绪激动，但我仍保持冷静。我对苏联从来不抱任何幻想。我知道他们不承认任何道德准则，只顾他们自己的利益。但是，至少他们对于我们并没有承担任何义务。此外，在有关生死存亡的战争中，我们的愤怒，必须服从于击败当前的主要敌人这一目标。我决心对他们可憎的行为，进行最好的解释。

或许真如丘吉尔的那句名言"没有永恒的朋友，只有永恒的利益"所言，在这个问题上，丘吉尔还是准备从大局出发，依然将苏联作为可以团结的盟友，而计划与其联手以共同遏制德国的强大攻势。由这里我们可以看出丘吉尔建立反希特勒纳粹，建立各国联盟的最初思路。到了10月1日，在一次广播中，他对全国人民讲道：

> 波兰再一次遭到了两个大国的侵略。这两个大国曾经同其他大国一起奴役波兰达150年之久，但却不能摧毁波兰民族的精神。华沙的英勇抵抗，表明波兰的灵魂是不可毁灭的，表明它正和一块岩石一样，暂时固然可以被浪潮淹没，但终究会显露出来，仍旧是一块岩石。
>
> 俄国实行了一个冷酷的利己政策。我们本来可以希望俄国军队以波兰的友邦和盟国的地位，而不是以侵略者的身份，驻守他们现在的阵线，但俄国军队所以要驻守在这个阵线上，显然是为了本国安全的需要，以防御纳粹的威胁。无论如何，这里有了一道防线，而且是纳粹德国不敢贸然进攻的一个东部防线已经建立起来了……
>
> 我不能向你们预言俄国的行动。这是一个非常神秘的谜中之谜，但是也许有一个可以揭开谜底的秘诀，这个秘诀，就是俄国的国家利益。德国要想在黑海沿岸树立自己的势力，或蹂躏巴尔干国家并征服东南欧的斯拉夫民族，这些都是与俄国的利益和安全不相容的。如果这样做，则将违背俄国历史性的生存利益。

那时还在任的首相张伯伦对此表示完全同意，并写信告诉自己的妹妹说：

> 我们刚才正在听温斯顿发表的一篇非常出色的广播演说。我的见解和他完全相同。我们相信俄国永远会按照它自认为是本身利益的需要而采取行动。绝不能相信，它会认为德国的胜利以及接踵而至的德国对欧洲的统治，是对它有利的。

第7章

CHAPTER SEVEN

第四次瓜分波兰

"昨天,一切都按计划进行。飞往柏林,飞往华沙,在那里进行谈话视察,又飞回柏林,在帝国总理府汇报,在元首餐桌上吃饭。华沙满目疮痍,几乎没有一个建筑物不受到破坏,没有一块完整的玻璃,人们一定遭受到很大痛苦。七天来一直没有水,没有吃的……市长估计有4万人死亡或受伤……除此之外,一切都很平静。我们来了,他们的折磨了结了,人们也许得到了援救。"

☆ 华沙的沦陷

波德战争的进行，大致上有三个阶段。

在战争的第一个阶段，即9月1日到8日，在这一阶段，德国军队对波兰进行闪电式的打击，而波军则力图阻击德国人的进攻，却因德军的猛烈进攻而未能完成。德军在波兰本土迅速推进，使得波兰的军队不得不开始撤退，并力图在自己国家的土地上摆脱异乡人的包围。

第二阶段则是从9月9日到16日，在这几天中，波兰军队开始集结，并由当时的波兹南集团军等发起了反击，却被德军击退，并且德军在华沙以东方向封闭了对波军主力的包围圈，波兰的军政大员此时已经无力控制国内事态或军事行动的进程，而波兰政府竟不顾国家和人民的生死存亡，逃到了罗马尼亚。

战争进行到第三个阶段，是波兰在失去了国内政界和军界的有效指挥下，波兰军民进行的顽强抵抗，波兰的普通劳动者开始同德国法西斯侵略者的战斗。

在当时的波兰，守军所面临的景象是绝望的。他们不少人集中在东南遥远的所谓罗马尼亚桥头堡，没有人准备投降，除了他们的领导人。波兰政府是于9月17日逃往罗马尼亚的，而军队的领导人武装部队总司令斯米格威－雷兹在此之前既没通知他的政府也没告知他的军队，就逃离了波兰。

德军在沃维、维斯瓦河与布祖腊河等地域击败了波兰军队的反突击之后，剩下的即是对波兰首都华沙的围攻了。留在维斯瓦河以北的第4集团军兵团继续向南进攻，从北面和西面合围了莫德林要塞，在"北方"集团军群主要突击方向行动的第3集团军已经在维斯瓦河以东进攻，并紧随古德里安的坦克军向前推进，后者在突破图霍拉荒野波军防御后，立即穿越东普鲁士，在第3集团军左侧进入战斗，对退

THE ATTACK ON
POLAND 二战经典战役全记录
闪击波兰

却的波兰军队进行平行的追击。

9月9日，该集团军在沃姆扎地域渡过纳雷夫河，随后不可遏止地向南急进，并于9月11日渡过了纳雷夫河。再接下来，第3集团军开始从东面迂回包围华沙，经谢德尔采向西进军，以便与其他部队形成合围华沙的形势，同时切断波兰军队沿维斯瓦河的退路。与此同时，古德里安则以最快的速度发动他的装甲部队向东南推进，德军的一支先遣队于9月14日突破了布列斯特堡垒防线，逼进了内城堡。但是，直到德军较大兵力赶到，一直都没有攻破，波兰的守军在此进行了顽强的抵抗，到了9月17日，这种抵抗才被粉碎。同日，该军迂回布列斯特与继续向南进攻的其他部队到达了弗沃达瓦，与第十集团军的各先遣队建立了联系。

9月13日，波兰东北部的奥斯韦茨小要塞落入了德军的手中，同时，波兰的一个师被德国人包围，并且被切断了同其他波兰军队的一切联系，而不得不在奥斯特鲁夫－马佐维茨地域放下他们的武器。

对于德国人来说，剩下来要做的工作只是从西面合围华沙了。德国的北方集团军的坦克部队，此时沿西布格河南下，攻占了布列斯特，同时南方集团军群的坦克部队在包围了利沃夫之后，继续向北挺进。

到9月15日，德国第10集团军和第3集团军分别从南方和北方包围了波兰，但是希特勒和德军统帅部都不想对防御坚固的华沙发动进攻，因为那将势必导致德军大量的人员伤亡。16日，在弗沃达瓦地区，南北方集团军群会师，从而完成了对波兰军队的外线合围，波兰军队的主力已经被团团围困在布格河、察河与维斯瓦河的三角地带。也就是在这一天，德国开始在波兰散发传单，要求波兰人投降，但是波兰人断然地拒绝了这一要求，于是德空军开始了对合围中的华沙城进行狂轰滥炸。

在没有政府人员、没有军队的情况下，保卫华沙的波兰军民，写下了波德战争中最悲壮的一页。

保卫华沙的战斗早在9月8日已经开始，那时，德国的坦克冲到了首都的

▲ 德军虽然在9月11日就攻到了波兰首都华沙城外，但他们在进入市区时，遭到了波兰军民的顽强抵抗。

▲ 波军战俘被运往德军的集中营，等待他们的将是悲惨的命运。

▲ 在德军空袭中遇难的波兰百姓的棺木摆放在废墟旁。

南郊，在那里，他们企图进入市中心，但是遇到了华沙保卫者的顽强抵抗，这次抵抗迫使德军的指挥部放弃了一举拿下波兰首都的计划，而不得不开始有步骤地准备。

9月10日，德国的坦克部队开始从东面迂回华沙，第3集团军的兵团则进至华沙市的北郊。波兰的守备军被包围，这时防守华沙的只有17个步兵营、10个轻炮连、6个重炮连、1个坦克营，要保卫华沙这样一座大城市，这点兵力是远远不够的。于是，华沙的居民们自愿拿起武器来支援自己的部队，波兰首都华沙将进行的是一场反对侵略战争的人民战争，劳动人民和真正的爱国者临时成立了"保卫华沙指挥部"，并立即发布第一号命令，号召全体军民坚持抗战，命令指出：我们坚守着阵地，除此之外，别的出路是没有的。成千上万的华沙人参加构筑街垒和设置反坦克障碍的行动。华沙成立了许多红十字会救护队、急救站和消防队。波兰的工人表现出良好的爱国素质，他们自9月5日就开始组织工人营，参加人数逾6,000人。9月12日，这些营又组成一个华沙工人志愿兵旅，在华沙保卫战中坚守在最艰险的地段战斗。

在德国空军集中兵力摧毁华沙市内的供水系统和发电站的同时，第3、第10集团军也连续对该市进行了炮轰，德国军队企图利用侦察部队找出波兰军队的弱点，然后进行攻击，而波兰军队在前罗兹集团军指挥官鲁梅尔将军的指挥下，坚持英勇反击，致使在战斗的最初阶段，德军根本无法前进一步。华沙城里的弹药还算充足，市内被毁坏的地方被华沙军民改造成了很好的炮兵防御阵地，在这里，防御部队不仅包括常规军队的士兵，也包括一支由华沙市民组成的士气高昂的国民自卫队。

自从9月9日以来，鲁梅尔将军把全部精力全部心智都用在准备抵抗德军对首都的袭击上了。他激励城市居民与武装部队一起参加反对侵略者、保卫城市的战斗。所有的防御工事都已加固；郊区的每座大楼都围上沙袋，砌上水泥，围起带刺铁丝网；大楼的地下室有蜂窝般的地道，连接并沟通各个抵御据点；深深的防坦克

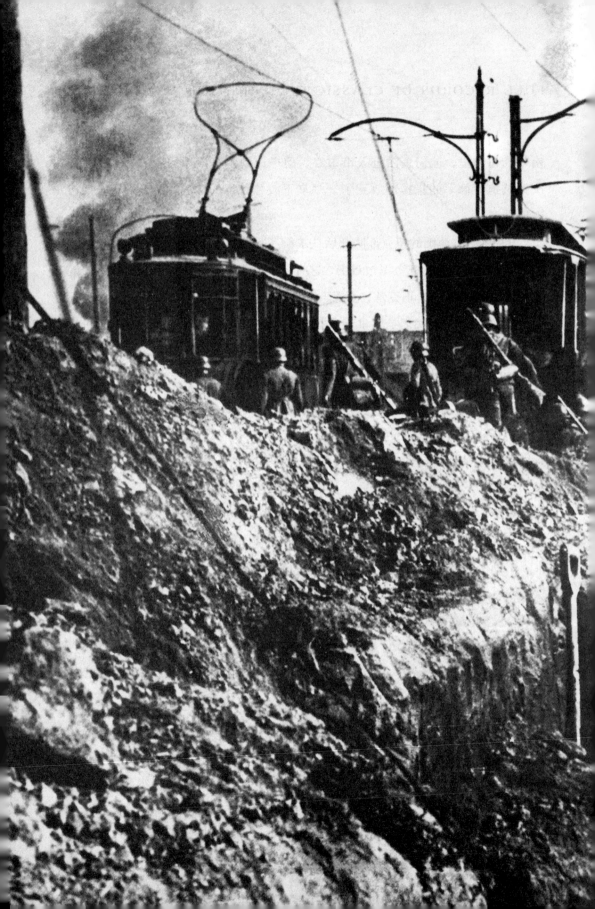

▲ 德军在华沙效外构筑工事。

战壕直穿华沙主要大街；街上设有用无轨电车、石头、砖头瓦块堆成的路障；公园和广场重炮林立。

而这种努力多是徒劳的，正如勃拉斯科维兹后来报告的："使我们久经沙场的士兵震惊的是，这些误入歧途的人们对现代化武器的效力一无所知，在他们军队领导人的煽动下，将怎样为他们自己的首都的毁灭做出贡献。"

在战斗即将打响以前，希特勒曾把对首都的轰炸限于以俯冲轰炸机和高射炮袭击战略目标，城内100万居民和近200名外交官的存在，可能使他不得不有所克制，但是显而易见，他的时间表迫使他再也按捺不住了。到了16日下午3时，德国空军飞机在华沙上空撒下几吨的传单，要求城市居民在12小时之内从两条特定的道路上撤走，希特勒下令第二天将停止轰炸。可是华沙人民一直没能利用传单所提供的帮助。因为受到某种难以置信的监管，没有人能把这事通知给德国的军事指挥官们。将近午夜时分，希特勒命令停止原计划中的轰炸。

17日中午，德国人从华沙广播电台监听到一条消息，要求他们接待一位打着停战白旗到他们阵线去的波兰军官，他的任务将是谈判释放居民和外交使团。希特勒立刻开始怀疑波兰司令在拖延时间。到了下午6时，德意志广播电台向波兰军队发出一项邀请，让他们派军官到德国前线参加下午10时开始的谈判。与此同时，凯特尔给布劳希奇打电报说，由于城市居民没能在最后期限到来前早一点离开城市，那项提议现在作废。任何参加谈判的波兰军官都将被告知，要向自己的司令提交一份最后通牒，要求首都在第二天上午8时无条件投降。根据请求，将为外交使团的撤离做好安排，但是市民不得离开。波兰城内于是又撒下了大致相同的传单。

到18日上午11时45分，德国前线还不见波兰军官的到来，希特勒就命令布劳希奇和戈林立即做从普拉加东郊攻打华沙的准备。就在9月22日，希特勒来到了第三集团军的司令部，在这里他视察了部署在华沙东部郊区的普拉加的炮兵部队，尽管希特勒因德军迟迟不能摧毁华沙而大为恼火，但他又反对从维斯瓦河东岸

▲ 波兰军官和德军商议投降事宜。

THE ATTACK ON
POLAND 二战经典战役全记录
闪击波兰

▲ 华沙市民注视着被俘的波兰士兵。

进攻华沙，以免激怒苏联军队。希特勒之所以做这样的决定，除了为减少德国军队的重大人员伤亡之外，还因为根据《苏德互不侵犯条约》的条款，这一地区应该属于苏联的管辖范围，鉴于这些原因，德军批准了一项进攻华沙西部的决定。这一决定将更有利于把华沙军民赶到波兰的东部去，从而使其成为苏联武装部队不得不面对的一个包袱。

　　进攻华沙的任务落到了刚消灭完"库特诺口袋"地区波军的第8集团军身上。为了部署这一进攻，德军首先要保证任何人都无法突出重围，这样波军对食品的需求就会增加，时间一长，食物供应显然就会变得十分短缺。同时德军又会继续轰炸华沙的自来水过滤站和抽水站，这样就会毁坏城市的供水系统，如此一来，华沙的居民们就不得不直接饮用维斯瓦河中的水，他们很可能会染上伤寒、肠胃病等其他疾病。此外，德军还切断了华沙大部分发电站的电源，并烧毁了该市的面粉加工厂，对华沙军民来说，饥饿的幽灵正在降临。

自9月22日起，德空军开始对华沙进行更为猛烈和密集的突袭和炮击。到9月26日，有上千架德国飞机轰炸华沙，这是第二次世界大战中，希特勒纳粹分子采用的最野蛮的方法来轰炸大城市，而且不是用来轰炸军事目标，而是用来轰炸居民区。

尽管敌机和大炮的狂轰滥炸给这座城市造成了严重的损害，华沙的守军和居民仍继续抗击侵略者，但首都的保卫者在接下来的日子里不得不面对弹药、饮用水、粮食和药品等方面的缺乏。

经过多日的激烈战斗之后，波兰军队要求停火休战，但这一要求遭到了德军的拒绝，因为他们要求波兰人全部无条件投降。此时，对于当时在城内的将军和他们的参谋来说，败局已经不可扭转了，为了不继续使平民百姓受苦，他们被迫接受了德军的条件。于是，9月27日下午2点，驻守在华沙的波军开始放下武器，举手投降。勃拉斯科维兹将军把攻占华沙的胜利归功于该市的防御者们，因为当时他们就要撤离华沙了。

根据波兰历史学家统计，在保卫华沙战斗期间，波兰军队的官兵有5,000名牺牲，约1.6万人受伤，居民约有2.5万人被打死，好几万人受伤，华沙卫戍部队在耗尽了它可用于防御的全部人力物力后，于9月28日被迫在投降书上签字。

华沙败降后，驻守在华沙北部的莫德林军团仍在顽强抵抗，于是德国调动进攻华沙时用的大炮重新布置，来对付莫德林防卫部队。9月27日，德军发动了一场渗透到波兰外部防线的全面进攻。由于莫德林集团军严重缺水，食品储备也越来越少，因此驻军指挥官汤米将军于9月28日要求休战。于是这2.4万名波兰守军也随之投降了。

德国的军队现在可以放心大胆地集中兵力攻打罗马尼亚桥头堡的残余波兰军队。几天之内，他们在那里杀死及俘虏了15万波兰人，其余的大约10万人躲避到罗马尼亚，但是在那里只有同乌克兰人交战后才能获得安全。

THE ATTACK ON
POLAND 二战经典战役全记录
闪击波兰

此外，除了少数几支分散的小规模部队仍在波兰的密林丛中进行游击战以外，还在坚持抵抗的地方就是波罗的海的沿岸了。在这里，还驻扎着几支拥有防御基地的波兰军队，尽管有关南方波军被摧毁的坏消息频频传来，但波罗的海沿岸的波兰军队却仍然极为顽强地战斗着。虽然军队的指挥官戴贝克上校成功地把大部分驻军撤离到奥克斯伏特的新据点，但是9月14日，德军还是夺取了波罗的海的主要港口格丁尼亚。9月16日和17日，德军空军发动了猛烈进攻，紧接着在9月18日和19日，德军又发起主攻，经过这场打击，波军被彻底击垮了。在此次战斗中，戴贝克上校在败军之际自杀殉国，而没有像其他人一样投降。

在剩下来的时间里，德国开始全力对付波兰的450名海军和民兵，他们寄身于一个11公里长的伸出到波罗的海的狭长地带，此处即是海尔要塞。在这里，海军少将指挥部下在狭长的半岛上布满地雷，并用岸炮掩护波兰人朝海的那一侧。9月21日，守军们打退了一次德军的进攻。3天后，"石勒苏益格－荷尔斯泰因"战舰加上它的姊妹舰"石勒苏"战舰用口径280毫米的大炮残酷地轰炸波兰人。到了第二天，又有轰炸机轰炸铁路线。到了10月1日，海尔要塞也陷落了。而海尔要塞陷落后，还剩下几个抵抗的包围圈，最后一支有组织的波兰军队，是由库克率领的1.7万名守军，位于华沙东南121公里，在10月6日不得不投降。

华沙虽然陷落，但是，整个德军和希特勒都为攻下华沙费了一番力气。

10月2日，隆美尔将军和施蒙特上校走访了华沙。第二天，这位"沙漠之狐"这样给他的妻子写信：

昨天，一切都按计划进行。飞往柏林，飞往华沙，在那里进行谈话视察，又飞回柏林，在帝国总理府汇报，在元首餐桌上吃饭。华沙满目疮痍，几乎没有一个建筑物不受到破坏，没有一块完整的玻璃，人们一定遭受到很大痛苦。7天来一直没有水，没有吃的……市长估计有4万人死亡或受伤……除此之外，一切都很平静。我们来了，他们的折磨了结

▲ 1939年9月27日，波兰华沙守军司令与德军商议投降事宜。

了，人们也许得到了援救。NSV（党的民事福利组织）和"巴伐利亚"营救护送队，还有战地厨房正被饥饿的人们围困，他们已精疲力竭。柏林这里正在下雨，乌云低垂。在华沙，天空无云。

华沙的景象让制造这一切的侵略者也感到有些无所适从。9月26日，德军炮兵接连对波兰进行了地毯式的轰炸之后，华沙确实已经成了一片废墟，华沙人没有再进行军事抵抗就投降了。城市已经断水整整一个星期，铁路路线被破坏，食物和电力供应完全停止了，在这片废墟上，来不及掩埋的尸体有几万具之多，这个数字是整个波兰战役中德军伤亡的总数两倍还多。

在这个月的5号，希特勒亲自飞赴华沙，去参加在那里举行的庆祝德军胜利的盛大游行活动。经过部分清理的华沙仍然笼罩在死亡的气氛之中，腐烂尸体的恶臭在整个城市的上空飘荡。

▲ 德军正列队走在华沙的大街上,旁边是围观的波兰民众。

THE ATTACK ON
POLAND 二战经典战役全记录
闪击波兰

这位元首对此却并无太多在意,在检阅了游行队伍回到飞机场后,希特勒向蜂拥而至的各国记者说:

> 好好看看华沙周围吧,我能这样对付任何一个欧洲的城市。我有足够的弹药。

这一次,希特勒没有撒谎。

☆ 熊与鹰分享猎物

波兰原是一个欧洲强国,17世纪中叶开始走向衰败。俄、奥、普三国便趁机干涉波兰内政和瓜分波兰领土,俄、奥、普三国曾分别于1772年、1793年和1795年3次瓜分波兰。

而现在,华沙面临着第四次被瓜分的命运。

在华沙陷落之后,对于德国和苏联来说,即是如何对其进行瓜分的问题。而这次瓜分,实际上早就开始进行了。1939年8月23日在莫斯科签订的《德苏互不侵犯条约》附带有一个秘密附属议定书,记载了里宾特洛甫和他的东道主就德苏在东欧势力范围的分界线问题举行"绝密会谈"的结果。

议定书对于分属于波罗的海国家和波兰的地区万一发生"领土和政治变动"时作好了准备。在波罗的海国家方面,立陶宛的北方边界将是两个势力范围的分界线。双方同意(据德国外交部长里宾特洛甫说,这是他主动提出的)维尔纽斯应被认为是立陶宛的一部分;虽然这片地方的界线没有划定,但在议定书的条文中,双方都承认"立陶宛在维尔纽斯地方的利益"。在波兰,分界线大致是沿着"纳雷夫

▲ 看似热情的握手背后,隐藏着不可告人的阴谋。

河、维斯瓦河和桑河一线"。

据二次世界大战的一些学者的研究,这次首先提出瓜分波兰的,并非对它进行直接打击的德国人,而是从其背后突施冷箭的苏联人。丘吉尔对此曾经说过:

> 我对苏联从来不抱任何幻想。我知道他们不承认任何道德准则,只顾他们自己的利益。

在1939年9月19日,也就是在苏联入侵波兰后的不久,舒伦堡发给柏林的电报中曾经有这样一段话:

> 莫洛托夫暗示,苏联政府和斯大林本人已经放弃了原先允许一个残存的波兰存在的意图,现在想以皮萨河－纳雷夫河－维斯瓦河－桑河为界分割波兰。苏联政府希望立刻就这一问题进行谈判。

而到了9月25日的晚上,斯大林即在克里姆林宫召见了这位德国大使,会见的时间很长。会见结束后,舒伦堡即向柏林报告了斯大林要他通报的几个问题:

第一,斯大林认为当时如果留下一个独立的残存的波兰国家是一个错误的选择。依他看来,最好的办法是从分界线以东的领土中,一直延伸到布格河为止的整个华沙省划归德国所有,而与此同时,作为交换,德国应放弃对立陶宛的领土要求。

第二,斯大林又提出,如果德国政府愿意的话,苏联将会立刻根据1939年8月23日达成的(秘密)议定书,开始着手解决波罗的海各国的问题,表示希望德国政府能在这一方面不要绊手绊脚,而是给予一定的支持。

第三,斯大林还特别强调了爱沙尼亚、拉脱维亚和立陶宛等问题的处理办法,不过,他没有提到即将提上议事日程的关于芬兰的问题。

当代西方的一些研究者在评述1939年波兰被瓜分时,并不知道8月23日有一个秘密议定书,也未曾注意到希特勒在他那本成为纳粹德国"圣经"的书中发表的对付苏联的长远计划。他们总认为,由于波兰有很大一部分领土,包括某些最有价值的财富,落入苏联人手中,因而纳粹一定大为不安和不满。事实上,根据战后公布的德国外交文件来看,德国政府与苏联政府达成交易后,主要关心的似乎倒是怕苏联人不去分他们的那份赃物,而使德国人处于尴尬的境地。德军开始进入波兰两天以后,里宾特洛甫就已开始催促苏联人在他们那一边进军了。

9月26日下午6点钟,里宾特洛甫特地乘飞机第二次飞抵莫斯科。这一次来到莫斯科,同上一次来到莫斯科一样,他并不感到轻松。上一次,他是为了说服苏联人在即将进行的德波战争中能够对德国持支持态度,而这次他来要做的,则是想办法使苏联人尽量少的从他们手中夺走德国人经过了一番苦战而获得的成果。

其实,对波兰进行瓜分的谈判在前一天就已经开始了,从当天晚上10点一直进行到第二天凌晨的1点钟,斯大林亲自参加了会议,并向德国人提到一个月前希特勒曾开给他的账单,而且斯大林提出了自己设想的两个方案。

第一个方案是:按照原先设定的沿皮萨河、纳雷夫河、维斯瓦河和桑河这四条河来划定波兰的分界线,立陶宛归德国所有;

第二个方案是:把立陶宛让给苏联,作为交换的条件,苏联则让德国取得更多的波兰领土,包括卢布林省和华沙以东的土地,这样一来,波兰的领土就基本上全归德国所有了。

斯大林暗示,残余的波兰国家的存在,将来可能在德苏两国之间产生摩擦,如果德国接受他的建议,苏联将"立刻根据8月23日的议定书解决波罗的海国家的问题,希望在这件事上德国政府慨然给予支持"。

而斯大林极力劝说由德国来选择第二套方案,因为如此一来,德国就将获得波兰的大部分领土,而苏联出兵波兰所受到的国际上的谴责则会降至很低,但苏联实际上得到的东西还是很多的。

就在9月29日凌晨5时,莫洛托夫和里宾特洛甫二人在条约上签了字。斯大

THE ATTACK ON
POLAND 二战经典战役全记录
闪击波兰

▲ 苏联外交部长莫洛托夫访问柏林，凯特尔（左一）、里宾特洛甫（左二）前往机场迎接。

林大喜。里宾特洛甫说，苏德两国永不再打仗。这句话带来一阵难堪的沉默。末了，斯大林回答道："理应如此。"由于斯大林语调冷静，措词特别，里宾特洛甫连忙向翻译要求证实。斯大林的第二句话也同样含混不清。当里宾特洛甫问道，苏联人是否愿意超出友好协定的范围，在未来与西方的战斗中与德国缔结同盟条约，他所得到的答复是"我永不允许德国变弱。"由于这句话说得非常自然，里宾特洛甫便认为，这句话表达了斯大林的信念。事后回到柏林，里宾特洛甫仍在琢磨斯大林的这两句话。希特勒对此尤其关心，把斯大林的话解释为：他们之间的鸿沟太大，无法填平，两国之间必起争端。那时希特勒才解释说，他之所以要在立陶宛问题上作出让步，是因为他要向斯大林证明，"他的意图是要一举解决他与东西邻居的问题，从一开始便建立真正的信心。"里宾特洛甫如同理解斯大林的话一样，也按字面意思理解元首的话。他依然相信，希特勒是真心诚意要与苏联人取得谅解。

由于斯大林曾把华沙地区和卢布林划给德国，以换得波罗的海的国家立陶宛，所以现在这条边界线沿着布格河远远地伸向东方，原来向布格河挺进的德国军队现在不得不又一次向东挺进，三周之内三次跨过不利地形，如古德里安所说：

似乎关于这些外交上的谈判，根本就没有军人参加。

新的瓜分线的最南面一段和8月23日所划定的那条线是一样的，因此苏联政府保有了利沃夫的制糖和纺织工业，包括德罗霍贝什和博雷斯拉夫的油井，这一部分是两次大战期间波兰产油最多的地方。而由此苏联答应每年供应给德国万吨石油，以补偿瓜分中德国所遭到的小小的不公。

接下来，占领苏瓦乌基地区的苏联军队在第一个星期内撤出，就在接下来的10月14日，德国最高统帅部宣布，划归德国的全部领土已经由德国军队完全占领。10月14日，苏德双方签订了一份议定书，规定为划定地面界线而成立一个委员会，委员会马上就开始了他们的工作。分界工作在1940年2月底完成，分界线全长1,500公里，其中三分之二是沿着河流的。而其他未能以河流为界的地方，则统一用界桩明确标出一条分界地带。此后不久，据报纸报道，双方即在分界线的两边开始筑起了防御工事。

10月，在原来波兰的土地上，西乌克兰和西白俄罗斯先后成立了苏维埃政权，并且分别于11月1日和2日加入苏联的乌克兰加盟共和国和白俄罗斯加盟共和国。而这一切在苏联的宣传机器的操纵下，都是由当地居民经"自由选举"完成的。

波兰作为一个国家还存在于一个小小的由德苏划出的地区，它现在只是一个小小的管辖区，它的首都是克拉科夫，波兰作为一个国家的任何独立活动都已经停止了。

☆ 波兰政府在流亡

1939年9月1日，德军迅速攻入波兰，德国空军对华沙狂轰滥炸后，波兰政府已无法再留在首都，到了9月的第一个周末，莫希齐茨基总统和他的阁僚们已迁到了卢布林。他们在那个城市只作了短暂的停留,后来又在普里皮亚特沼地中的卢茨克稍稍耽搁,于9月14日到达毗连罗马尼亚边界的扎列希基。9月17日早晨,总统听到红军越过俄波边界的消息,就决定离开波兰。17日晚上,他和那些仍然留在国内的部长们从库特越过国境到了罗马尼亚。

大多数派驻波兰的外交代表,包括英法大使,都跟着波兰政府在波兰转移,在总统离开波兰后几个小时以内,也都出了波兰国境。9月18日,波兰驻伦敦和巴黎的大使在一份正式指控苏联侵略的照会中,声言保留政府"呼吁盟国根据有效的条约而承担起义务"的权利。19日,英国政府就时局发表了一个官方声明,宣称"根据苏联政府提出的理由",不能认为苏联的进攻"是有理的"。不论发生什么事情,都不能"丝毫改变政府的决心,在全国的全力支持下,去履行对波兰的义务,全力以赴,进行战争,直到达到目的为止"。9月20日,首相在下院重复了这一声明。同一天,法国政府作了不很明确的公开保证,表示继续支持波兰。

罗马尼亚政府立刻受到德国的强大压力,德国要它拘留波兰领导人,波兰的西方盟国则提出相反的建议,但毫无效果。9月20日,布加勒斯特宣布,将照德国的要求把斯米格莱－雷兹拘留在罗马尼亚,直到战争结束。同时罗马尼亚当局宣布,只有不是政府官员的平民难民才能获准离开罗马尼亚。莫希齐茨基进入罗马尼亚不到一个星期,就放弃了在法国重建政府的希望,并决定,必须采取其他措施以保证维持波兰共和国的主权。

9月29日,在巴黎出版的波兰官方报纸《波兰箴言报》发布了一项命令,根据宪法,指定这时在巴黎的波兰参议院前任议长瓦迪斯瓦夫·拉奇基耶维奇为莫希齐茨基的继承人,并宣布莫希齐茨基自9月30日起辞职。9月30日,拉奇基耶维奇在巴黎的波兰大使馆宣誓就任波兰共和国总统,并立即任命了一个新政府。西科尔斯基将军同意担任总理。各部部长的人选,要使内阁能代表不同的政治见解和各阶层的人民。新政权立刻获得了波兰的西方盟国的正式承认,也获得了华盛顿的正式承认。美国国务卿10月2日宣布,美国政府打算同巴黎的波兰政府保持外交关

▲ 被德军俘虏的波军士兵。

▲ 成群的被俘波军士兵将被送往集中营。

▲ 流亡英国的波兰飞行员参与了不列颠之战。

THE ATTACK ON POLAND 闪击波兰

系。10月底，波兰政府决定从巴黎迁到昂热，并宣布曾在华沙派驻外交使节的各国政府（当然除开德苏政府）都将派使节到昂热。

波兰流亡政府在成立后的最初几个星期内，公开地否认与战前在华沙实行的政策有关系。在10月和11月的第一个星期内，它发布了一系列命令，宣布凡因反对政府而被判刑的波兰政治领袖一律完全恢复名誉；宣布解除斯米格威－雷兹的波兰武装部队总司令兼军队总监的职务，任命西科尔斯基担任此职；宣布解散1935年9月选出的议会上下两院。11月底，拉奇基耶维奇对波兰人民广播，答应战后新波兰将尊重个人的自由和权利，实行社会改革。几个星期以后，政府公布了西科尔斯基1940年1月3日在内阁会议上作出的声明，宣称波兰战前的政权已遭到全国一致的谴责，它的劣迹无疑乃是波兰战败的主要原因之一。

波兰流亡政府一面这样煞费苦心地表明它和过去决裂的立场，一面采取一切可能的措施以维护波兰共和国的主权和保护它的利益。为了这一目的，它正式抗议德国和苏联并吞波兰领土，也准备使波兰武装部队能在陆上、海上、空中参加对德作战。

他们在发布命令指定拉奇基耶维奇为总统的那天（9月29日），就发表了第一个公开声明，声言保留波兰国家的权利。那天驻伯尔尼的波兰公使馆发表了一项声明，宣称波兰政府不承认占领波兰领土的国家采取完全不属行政需要的任何行动。9月30日，又向所有与波兰有外交关系的各国政府递交了一份反对9月28日德苏边界协定的抗议书。10月间，波兰政府向国际联盟抗议德苏瓜分波兰的安排；向国际联盟及其成员国政府提出抗议，反对把维尔纽斯交给立陶宛；又向法国、英国和美国等政府抗议，反对根据1939年10月8日希特勒的命令，把波兰西部各省并入德国。当苏联在占领的土地上举行选举，以及在白俄罗斯和乌克兰的国民议会表决把这两个地区并入苏联时，波兰流亡政府又发表声明，声言保留波兰的权利。法英政府没有和波兰政府联合起来抗议1921年被波兰勒索去的土地回到苏联手中，但是它们同意支持波兰政府的主张，即1939年10月8日德国的命令不能取消波兰

FULL RECORDS OF CLASSIC CAMPAIGNS IN WORLD WAR II

国家对其西部各省的权利。1940年4月17日，英、法和波兰政府在伦敦和巴黎发表宣言，呼吁"世界上有良心的人正式并公开地抗议德国政府及其代理人在波兰占领区的行为"，宣言除了指出他们对人和对财产犯下的罪行以外，强调德国违反1907年的第四次海牙国际公约，当战争还在德国和三个盟国间进行时，德国就把波兰共和国的领土并入了德帝国的版图。

在新政权成立之前，波兰已采取一些初步的步骤，在国外重建波兰军队。驻巴黎的波兰大使卢卡谢维奇9月25日发出命令，号召所有侨居法国或路过法国的适龄的波兰男公民服兵役。两个星期以后，住在比利时的波兰侨民即前往法国参军。在10月底前，侨居英国的波兰公民也纷纷应召去法国服兵役。西科尔斯基在10月初宣称，重建波兰军队是其政府的首要任务，他将要在加拿大安排一次征兵运动。1940年1月4日，西科尔斯基和达拉第就在法国重建波兰军队签订了一项协议。协议规定组织几个波兰师（包括炮兵和摩托部队），作为一支独立的军队，由西科尔斯基指挥，在盟军中享有一定的地位。2月中旬，又签订了一项法波补充协议，规定重建波兰空军。

同时，1939年11月25日，西科尔斯基在伦敦进行正式访问时，就波兰军舰与英国海军合作问题与英国政府缔结协定。三艘驱逐舰（波兰的小规模海军中最新式的军舰）在8月底战争开始以前奉派到英国海域；潜水艇"奥泽尔"号冒险从塔林脱逃以后，于10月14日也到了英国。到1940年5月初，可使用的波兰海军人员超过了逃出的舰艇的需要，英国给了一艘驱逐舰供波兰军官和水兵使用。

1940年6月的第三个星期，法国濒于沦陷，波兰流亡政府从昂热迁到伦敦。拉奇基耶维奇总统于6月20日到达英国。他受到国家元首的礼遇，到达时英王前去迎接。根据西科尔斯基和丘吉尔达成的一项协议，把数千名波兰士兵用英国军舰运至英国，使波兰军队能再次重建。这一次是在英国土地上重建军队，继续投入对德战斗。

第 8 章

CHAPTER EIGHT

闪击战

"我们已经看见了现代闪击战的一个完整的标本:看见了陆军与空军在战场上的密切配合;看见了对于一切交通线及任何可以成为目标的城镇所进行的猛烈轰炸;看见了活跃的第五纵队的身手;看见了间谍和伞兵队的任意使用。最重要的是,看见了大批装甲部队势不可挡地向前冲锋陷阵。"

FULL RECORDS OF CLASSIC CAMPAIGNS IN WORLD WAR II

☆ "恐怖"的代名词

在德国对波兰进行的闪击战中,首先给人留下深刻印象的,是德国的空军。正是空军在对波战争的第一天对波兰各处重要的军事目标进行了有效的轰炸,才使得战争从一开始就出现了一边倒的局面;在战争的最后阶段,当华沙军民决定决一死战的时候,又是德国的轰炸机从空中对城市的供水和供电设施进行了毁灭性的打击,这种打击不仅是物质上的,也是精神上的。如果没有空中的俯冲轰炸机,那么,德军在第二次世界大战开始时的闪电战将是不可想象的。

德国的俯冲轰炸机从研制到飞上天空是经历了一个长久历程的。

第一次世界大战后,德国的军队力量受到了严重打击,特别是空军方面,除了民用飞机,几乎没剩下些什么。希特勒上台后,加强了其扩军备战的步伐。就在协约国的凡尔赛条约宣判德国将永远成为军事弱国的15年后,德国人正在以无法想象的速度冒险推进其大规模武装德国的计划。一战后科学技术的迅猛发展,为实现希特勒的这项计划提供了技术支持,但是当时大多数将领的思想还无法与当时迅速发展的科技同步,他们想的是如何用飞机大炮之类的新式武器,作为辅助来为陆军提供一定的支持。而实际上,那时雷达、飞机和坦克等新式设备正以令人炫目的速度快速地发展着,一些飞机甚至还在图纸上的时候就已经过时了。

极力把德国的空军事业推上顶峰的,是德国的空军司令戈林。戈林是一位名副其实的战斗英雄,在一战时,他曾经在两年内击落15架敌人的飞机,在1917年他获得了普鲁士荣誉勋章,也就是"蓝色大勋章"。当一战后德国不得不解散他的空军时,戈林曾说过:"我们将和那些妄图奴役我们的敌人作战,我们将会东山再起。"

1933年初,纳粹刚刚上台后,戈林即因其对希特勒的忠心耿耿及其在处理各

THE ATTACK ON
POLAND 二战经典战役全记录
闪击波兰

项事务时的才能而受到重用,并成为当时的第3航空部的部长。野心勃勃的戈林企图在德国建立起一支强大的空军,在确立了他的绝对权威后,他曾经吹嘘道:"所有能飞的东西,都归我管!"在那一时期,航空事业在德国的发展出现了一片繁荣景象,但是限于当时德国人力物力的限制,德国当时制造飞机的能力远远达不到纳粹的需要。于是戈林找到了当时的汉莎航空公司——当时世界上规模最大、装备最好的航空公司——的经理埃哈德·米尔契,并许诺以德国空军二把手的位子。米尔契与其助手们经过两天半不分昼夜地合作,为德国的飞机制造业拟定出一套详细的计划,以适应战争的需要。此后,米尔契苛刻的要求就像赶牲口的鞭子一样,驱使着德国的飞机制造商和工人们加倍工作。同时,纳粹为了实现其空军发展计划,采取了各种措施。有时是接收其他公司的财产,有时是由政府进行暗中的扶助,为了躲避协约国的侦察,他们往往以空军的名义建立各种公司,然后将大笔无息或者是少息的贷款注入,就这样,德国的飞机制造业迅速地发展起来。

就在德国的空军飞速发展的同时,一场关于空军未来发展方向的讨论在德国的军界开始了。按照一部分人的想法,空军的作用仍然是战术性的,而非战斗性的。侦察机是用来协助步兵了解情况的,并为炮兵提供射击的目标,而战术轰炸机则是用来在战斗机的护航下对地面进行扫射和进行精确的轰炸,并支持步兵的,战斗机则是用来和敌机进行空中搏斗的。另一些比较有远见的德国的军队人士则认为,随着社会及科技的发展,战争绝不再仅仅是军队之间的冲突了,而更多地和社会、国家有关,战争正在向更深层处延伸,打击的目标也就不再限于军事目标,更多的民用目标,比如敌国的工厂、敌国的政府中心等等,都将列入打击的行列。而能够完成这一使命的,必须是一支能够执行独特战略任务的力量,他们最为重要的组成部分就是能够深入敌人纵深、摧毁敌人意志和战斗能力的远程重型轰炸机。对这一设想积极推崇的是参谋长瓦尔特·韦弗尔。他认为,在当时苏联是德国的最主要的敌人,为了击败苏联,德国就必须建立起一支能够深入纵深并能迅速摧毁苏联战争能力的战略空军。由此,1934年,韦弗尔把研制和发展航程为3220公里、能够飞至

德国空军司令戈林。

▲ 德国的俯冲式轰炸机。

▲ 恩斯特·乌德特（左三）是德国发展俯冲式轰炸机坚定的支持者。

苏联的四引擎轰炸机作为当时空军的一项最为优先的工作。

而不幸的是，重型轰炸机的第一架原型飞机在经过两年艰苦的研制过程之后，其发动机仍然有着致命的缺陷，他的极力推荐者韦弗尔即在座机的一次失事中遇难身亡。就此，轰炸机的研究招来了很多人的非议，认为这种研制既劳民伤财，又难以取得成效。而在1934年末，希特勒与戈林达成了一致的意见，即战略空军的发展将继续进行，但规模有所收缩，与此同时，则加大了战术型飞机的生产。到了1935年的春天，希特勒向世界宣布了德国空军的存在，并且，此时德国空军的发展重点已经转到了战术和有限战略能力兼备的飞机，这是一种航程可达1,610公里，载弹量可达1,000公斤、时速可达320公里的中程轰炸机。

而真正把德国的轰炸机，特别是俯冲轰炸机推出的则是戈林的一位老同事——恩斯特·乌德特。乌德特在第一次世界大战中曾击落62架敌机，在当时他比后来成为德国空军司令的戈林的名气要大得多，他应该是继曼弗雷德·冯·里希特霍芬之后的战斗机王牌飞行员。在第一次世界大战中，乌德特虽然曾十几次被击中，但都在千钧一发之际得救，继续驾驶飞机。让他放弃飞行是办不到的，飞行迷住了他的生命。

第一次世界大战后，德国空军面临解散的命运，而乌德特也面临着全面禁止飞行的命运。在那些日子里，他在地面上也从未停止活动。他悄悄地制造"飞机"，同时又留神不让联军知道，以防告密。当他一被允许飞行，就立刻去钻研特技。他那几乎触到地面的大胆飞行，使数以万计的人胆战心惊。

1936年后，当德国纳粹上台后准备重新装备德国军备时，特别是当乌德特的老战友戈林成为空军头目后，乌德特的活动频繁了起来。戈林的目的是悄悄地建立起一支新的空军，那些过去的飞行员放弃了好不容易找到的工作，纷纷投奔到戈林那里。但是，乌德特却与众不同，他不想在戈林的官僚机构中获得一个职位，他渴望的只是飞行。而另一点他和戈林一样，都是打算重整德国的空军。就在1936年，乌德特被任命为德国空军的技术局局长，他在局里负责评估参与竞争的各家飞机制

THE ATTACK ON
POLAND 二战经典战役全记录
闪击波兰

造公司设计的俯冲轰炸机的样机,并最终决定一种投入生产。

在乌德特从事飞行工作的早年,他即把俯冲看作一桩事业来研究,并多次使用飞机进行俯冲演习,现在,俯冲这种思想的幼芽不只是萌生在乌德特一个人的心里,技术局的军官和工程师们也都支持他,虽然他们的意见和他们顶头上司是对立的。

俯冲轰炸机的一个死硬反对派是当时的技术研究部长,即那时还是少校的沃尔夫拉姆·弗赖赫尔·冯·里希特霍芬。他就是那位大名鼎鼎的,第一次世界大战王牌飞行员里希特霍芬的堂弟。沃尔夫拉姆·里希特霍芬是柏林工科大学的毕业生,本来他应该站在支持革新的立场,然而,他对俯冲轰炸机却抱有很大的怀疑,理由是速度太低,太笨重。而且这种飞机如果不俯冲到 1,000 米以下,是瞄不准的。但在 1,000 米以下,俯冲轰炸机很容易被高射炮打下来,就像打房上的麻雀一样,更不用说敌人的战斗机了。根据这个观点形成的概念只能是:"再见吧,俯冲轰炸机!"

而乌德特和他的同事们当时已经在慎重地考虑,一旦某个时候下达研制俯冲轰炸机的命令,应该向厂方提些什么要求。首先必须有能经得住任何俯冲的坚固的机身,虽然需要进行几乎是垂直的攻击,但也应当用俯冲减速板把时速控制在 600 公里以下。当时这种高速俯冲的速度对人和金属来讲,似乎已是极限了。最令人担心的是研制发动机的问题。在 1935 年的时候,发动机的最大功率约是 600 马力,不能指望有比这再大的了。也就是说,飞机在攻击和退出时速度都很低,很容易受到攻击。因为敌人战斗机必然是从后边追来的,所以就有了一个新的要求:增设一个射击员的位置,以便用机枪对付后面的敌机。

尽管有各种反对的意见,在 1935 年春季,德军军部还是把俯冲轰炸机的研制任务下达给了航空工业界。这主要是因为当时纳粹空军的轰炸机都存在着一个严重的缺陷,瞄准镜过于复杂,德国的空军必须经过练习才能够掌握,在实际的飞行训练中,飞行员也因此往往错过要打击的目标。当然,可以研制更为优良的瞄准镜解

德国轰炸机容克 Ju87B 的飞行编队。

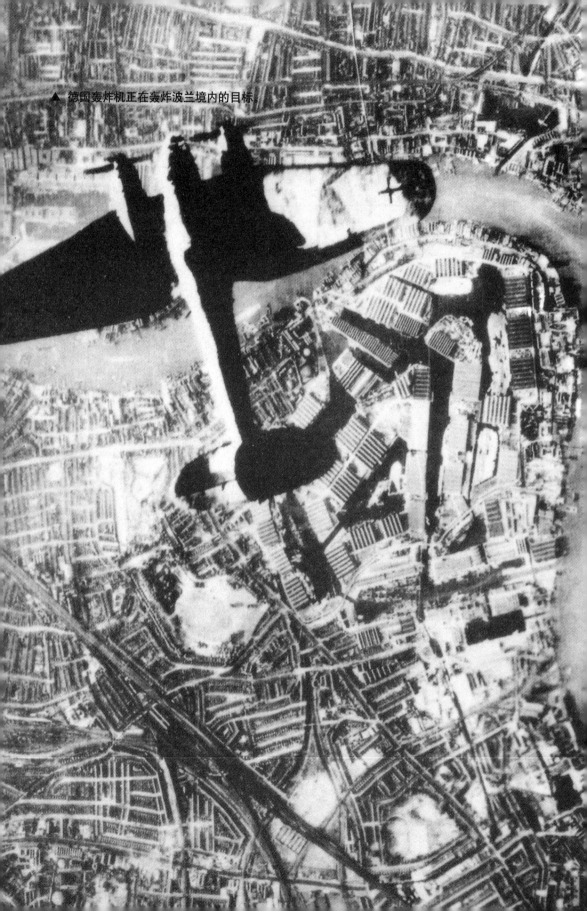

▲ 德国轰炸机正在轰炸波兰境内的目标。

决这个问题，但是，在尚未完成这项研究之前，出于实际的考虑，纳粹空军将重点放在了发展一流的俯冲轰炸机的身上。这是因为俯冲轰炸机虽然载弹量有限，但其打击目标的准确度使它非常适于对敌重要战术目标进行轰炸，特别是桥梁、舰船和炮兵阵地。

在俯冲轰炸机制造方面占优势的一直是容克公司。容克公司具有丰富的经验，早在1920年代末，它在瑞典的马尔摩工厂就曾制造过可以俯冲的双座战斗机K47，而且还安装了与高度表关联的自动拉起装置。航空部公开招标几周以后，容克公司的Ju87就飞上天空了。它具有W型的机翼、短粗的机身、长形的挡风玻璃，并安装着带机轮整流罩的固定起落架。Ju87飞机虽不美观，但让人一看却觉得很结实。

而阿拉德公司的全金属双翼机Ar81俯冲轰炸机即将诞生。另一方，汉堡的布洛姆－福斯公司研制出了有些地方不符合要求的Ha137。这种单座飞机与其说是俯冲轰炸机，倒不如说是强击机更为合适。

最后的胜负将由海因克尔和容克两家公司争夺。海因克尔的He118比较灵巧，但还不知道它的俯冲能力如何。在这一点上，容克公司的Ju87遥遥领先。

6月9日，技术局研究部长里希特霍芬对俯冲轰炸机的研制作了最后宣判。在一项秘密指令中这样写到："今后中止对Ju87俯冲轰炸机的研制，也中止用Ju87飞机改装舰载机的工作。只允许研制Ju87指挥机——冯·里希特霍芬。"

但是当恩斯特·乌德特作为前局长维默尔将军的后继人来到技术局后，局面终于有了改观，俯冲轰炸机的设想终于获胜了！

1936年秋季的一次试飞，决定了是向海因克尔还是向容克公司大量订货的问题。Ju87进行了大角度俯冲，而且安全地拉了起来。He118虽然速度快、灵活，但试飞员只能做小角度俯冲，这种飞机的机体结构经受不住大角度俯冲。

几个月后，乌德特亲自来选择飞机。酷爱飞行的他不顾部下的劝阻，猛力地把He118的机头压下来，结果，在飞行过程中出了意外，飞机坠毁了。和过去一样，在那千钧一发的时刻，乌德特跳了伞，并在一块玉米地上着陆。当救援人员赶到

▲ 德军飞机在配合地面部队机动。

时,他们看见乌德特被缠在降落伞中,身上有几处擦伤,嘴里骂着:"这该死的陷阱!"到了第二天,设计师恩斯特·亨克尔带着6瓶开塞的香槟酒去看望乌德特,这位伤员的心情大为好转,在一个小时里连干了两瓶。

这次飞机的坠毁并没能阻止乌德特去试另一种轰炸机Ju87,这种飞机的机翼与众不同地向上翘起,就像一只鸟在飞行时的姿态,这种设计使得它能够比其他的飞机以更为倾斜的角度向下俯冲。这种飞机到了乌德特手里以后,他将它的功能表现得淋漓尽致,所以在1936年以后,这种飞机即投入了大规模的生产。它在德国入侵波兰中的表现,更使得它在当时及以后相当长一段时间内,成为"恐怖"的代名词。

☆ 协同作战

正当德国的空军在戈林和乌德特的大力促进下羽翼渐丰之时,德国的另一支部队也在走向强大,这就是在古德里安统帅下的机械化部队。在对波兰进行的攻击中,如果单单只是运用空中力量对其进行打击的话,其打击力度和精确程度远不能达到进行一场战争的需要。而正是在古德里安领导的机械化部队与其陆军的协同作战下,德国才得以一方面既可以向纵深方向推进,另一方面又能够最大程度地消灭敌人。古德里安也因在对波战争中领导机械化部队发动的迅猛攻势,获得了"闪击英雄"的称号。

古德里安出生于一个普鲁士军人家庭,自小养成了一丝不苟的严谨作风和与别人进行激烈辩论的习惯。但另一方面古德里安又能够听取多方面的意见,特别是来自下属的意见,这也是他深受部下爱戴的原因。

在一战中,他发现了当时德军在军事通讯方面的缺陷,那些又大又笨重的电台与灵活性和机动性的要求远不相符,而只能成为将军们向前线传达命令的一种单向工具。如果能够提高其性能,就可以使将军们与战争前线指挥官保持密切的联系并掌握前线情况的发展,这样通讯电台才会有广阔的发展前景。同时,古德里安也认识到传统的单纯由步兵来完成大规模厮杀的作战模式即将过时,骑兵的作用无法与现代的步兵装备、空军侦察和摩托化的运输相比,而且在自动武器的强大杀伤力下,战争的双方都不得不将固守战壕,不能轻易出击。可惜古德里安的这些闪光思想在一战中没有引起当时将军大员们的注意,而一战很快就以德国的失败而告终了。

那时的古德里安心情十分沮丧,他曾写信给他的妻子说:"我们德意志帝国已

THE ATTACK ON
POLAND 二战经典战役全记录
闪击波兰

不复存在，那些坏人把一切破坏殆尽，人们对于正义与秩序、职责与尊严的理解似乎都被毁灭。我只是后悔自己在这里没有便装，我不愿意自己穿一身看来引以为荣的军装暴露在那群推推搡搡的暴徒之间。"但是，古德里安并没有离开军队，他后来被委以重任，担任了运输部队巡视官，专门研究如何在陆军里运用摩托化部队，这对他将来要从事的工作有很大的帮助。

古德里安在认真研究了前人的成果后，提出了一些很有创新性的想法，他研究的东西已经不再限于摩托化部队，而是针对一战中的经验和教训，对当时的机械化部队的使用进行了深刻的反思。在这个基础上，他提出了所谓"决定性力量"的理论，对此，古德里安解释为"在战场上能够使士兵携带武器接近并消灭敌人的那支力量"，他认为当时的集结大规模步兵进行炮火齐射的作法曾经是一支"决定性力量"，但是在新的战争形势下已经过时，特别是面临敌方的机枪扫射时，其弊病就会很容易表现出来；而这个新的"决定性力量"的长处在于，能够使用带装甲的由发动机驱使的车辆，并携带对敌方有毁灭性打击的火力武器，在接近对方后对敌方全力开火。最终古德里安声称，"在所有的陆军武器中，只有坦克才最具备'决定性力量'的要求。"

古德里安在论述坦克的战斗性能时指出："坦克是旧式武器所不曾具备的战斗性能的综合体，因此它大大优于其他武器。坦克积极方面的特性是火力与机动性，消极方面的特性是装甲防护力。"他还由此进一步具体阐述了坦克的优点及缺点，他认为，坦克的优点包括：坦克因有履带，通行力强，能在战场上迅速转移；内燃发动机只要有燃料，可不停地作战；因装备数种武器，对各种目标都有较高的杀伤力；因炮塔能旋转360度，可不变换阵地迅速向突然出现的目标开火；因带有油料和弹药，可长时间参加战斗；因有通信设备，可使指挥坦克的灵活性和传达口令的可靠性大为提高；因全身披有铠甲，不致被各种反坦克兵器损坏；因其巨大的车体、轰隆声和快速的运动，可对敌人造成很大的精神威胁，其弹道低伸而射速高的火力具有巨大的威胁。

▲ 古德里安十分重视通讯电台的使用。

当然，坦克也有缺点。其缺点包括：坦克目标大，近距离内易被毁伤；因噪音大，战斗中不易判明情况，自己易于暴露；因观察地形受限，行进间震动大，不易观察战场，有遭杀伤危险；因装有弹道低伸的武器，不易击中掩体内或反斜面上的目标；需由专业人员进行技术保养和经常的维护；因其成本很高，原料缺乏，技术专家不足，会使坦克产量大大降低。

古德里安还据此论述了所谓坦克的战术基础。他指出，由于坦克具有高度的通行力，因而具有较好的机动性。坦克的行动越快，遭到敌人的杀伤就越轻。坦克能在行进间射击，是一种进攻性武器，而坦克只有实施大纵深的进攻，并在突破后大胆地追击敌人，才能充分发挥其战斗性能。所以只有大量集中使用坦克，才能突破敌人的坚固防御，既可速胜，又可减少部队伤亡。而很重要的一点在于，坦克需要

▲ 古德里安认为:"在所有陆军武器中,只有坦克才最具备'决定性力量'的要求。"图为德军坦克部队正在演习。

THE ATTACK ON
POLAND 二战经典战役全记录
闪击波兰

有伴随兵力兵器协同行动,以便迅速通过难行地段,打击敌人。否则,如果坦克孤军奋战的话,很容易沦为敌方的打击目标。此外,古德里安认为,战争证明,关于坦克具有重大作用的观点是正确的,他指出,"只要在决定性方向上能集中全部兵力兵器,一定会取得重大胜利。这时坦克一定能突破敌人的防御,并予敌以歼灭性打击,而如果坦克不作特殊用途的武器来使用,只作为辅助兵器使用,其作用将会大大降低。"

他还指出,"只有在机动战争中,才能充分发挥现代各种武器的性能。而坦克是机动战争中能够突然而迅速地集中在主要突击方向和追击方向上的最强有力的地面作战兵器。"在他看来,坦克是第一次世界大战的产儿,而在第二次世界大战中经受了各种考验,成了地面作战中的决定性武器。并提出,"我们把坦克看成是进攻的主要兵器。我们要把这一观点坚持下去,直到技术再给我们带来更好的礼物为止。"

古德里安在阐述坦克战斗的一般原则时,尤其强调坦克的进攻特性。他指出,"进攻是坦克的本能。坦克只有进攻,才能充分发挥其战斗性能。进攻的目的,是以坚决的行动歼灭敌人。因此,坦克兵团和部队的进攻任务,应是粉碎敌人的作战计划,并破坏其交通线,进攻部队楔入敌军阵地越深远,损失就越小,战果也越大。"古德里安同时指出,坦克最适于实施追击,"坦克的进攻如不转入追击,就丧失了它的意义。只有追击才能巩固在激烈战斗中取得的战果。因此每个坦克指挥官必须力争以所有战斗车辆不断地进攻,只要油料够,进攻就要坚持到底。"古德里安还根据德军坦克专家的研究得出结论说:"坦克要保持优势,必须做到行动突然、兵力集中和指挥灵活。坦克最可怕的敌人是敌人的坦克。因此,敌人坦克在战场上出现以后,就要停止别的战斗,所有的兵器都要用于消灭坦克,以便能重新取得机动的自由,并继续前进。"

另一个很重要的问题是坦克的协同作战问题,古德里安认为,在新的作战环境中,各兵种必须密切协同动作。这就像乐队的演奏一样。他这样解释道:"协同动作就像一个乐队的演奏，根据作品的格调，有时以这种乐器为主，有时又必须以另外一种乐器为主，有时还要独奏，但只要是合奏，就必须有一种乐器领奏，其他乐器配合。作战的'乐队'又何尝不是如此呢！"

"一个乐队演奏的机会越多，队员们的音乐造诣越深，乐队的演出水平也就越高。诸兵种合成兵团也是如此，每个兵种的动作越熟练，完成受领的任务越快，战果也就越好。"并且，"指挥官与其部属能互相了解，协同行动的军队具有配合行动的丰富经验，战斗力就会大为提高。一切协同行动的部队均应互相了解彼此的战斗能力。"概言之，"协同动作，就是要顾及每个兵种的利益，要有互助精神，而首先要准备为共同的事业作出自我牺牲。"古德里安由此还分别论述了坦克与摩托步兵和坦克与步兵、炮兵、工兵、航空兵及高射炮兵的协同问题。

古德里安的这些想法在当时的一些德国军官看来无异于不能实现的乌托邦，古德里安的指挥官，摩托化部队的巡视员奥托·冯·施蒂尔普纳格尔将军就是这种意见的坚持者，他曾经当面对古德里安说："你过于莽撞。相信我，在我们的有生之年，在战场上我们和他人谁都看不到德国坦克。"其实，当时德国的机械化部队也确实有很长的一段路要走，在凡尔赛和约的束缚下，德国有很长一段时间不能公开进行坦克的研究和试制，只能在境外偷偷进行。古德里安领导其队伍进行的演习，也多是用模型进行的，不少同时进行演习的步兵经常用手中的刺刀把那些坦克模型扎上洞以示嘲笑，而古德里安的研究并没有停止。

1934年，古德里安终于有机会在库纳斯多弗向当时的元首希特勒展示自己的构思，即对今后装甲部队在战场上角色的预演。在这次演习中，迫于条件限制，很多方面并不精细，也不那么如计划所想，但是这已经很形象地展示了古德里安对于未来战争的设想。这次演习是这样进行的：

先是由乘坐摩托车或者是装甲车的先头侦察部队进行侦察，在得知敌方战线上的薄弱点以后，迅速用车载电台向协调整个战场大局的指挥部进行报告，然后通过指挥部协调，进行部队的穿插进攻。

▲ 古德里安(右一)陪同希特勒参观军事演习。

古德里安在装甲指挥车内阅读电文。

在这次演习中,最核心的是古德里安对于坦克部队的新用法,坦克不再是作为步兵的辅助工具,而是独立出来,成为具有突破性战术的主导力量。一旦坦克冲破了敌军的阵线,它们的任务就不再是就地巩固阵地,更不是确保撤退时的路线,而是继续前进,一直向敌人的纵深部位插入,并试图对敌人的指挥、通讯乃至补给中心实施打击。与此同时,与坦克部队一起行进的还有反坦克炮,它们将紧紧跟随坦克集群,协同坦克打击敌人的装甲目标并保护己方的坦克,而且还可以对已经占领的阵地实施防御。在坦克部队推进的同时,则由步兵乘坐卡车跟随在其左右,以确保坦克的侧翼不受到打击。这种战术一改从前使用的对敌方前沿阵地进行长时间的、猛烈的打击的做法,而是对敌人的作战神经中枢进行一种凌厉的、突击的外科手术式的打击,使其立刻瘫痪。

古德里安刚刚演示完他的部队,希特勒即高呼道:"这正是我所需要的!"于是,1934年6月,德国正式成立了由卢策将军任司令。由古德里安任参谋长的装甲指挥部。到了1935年,在古德里安的建议下,连级以上的装甲指挥官都配备了可靠耐用的电台,同时,古德里安与卢策将军一直在忙于研制新型的坦克,以代替当时的P－1型坦克。德国一共研制了P－2,P－3,P－4,三种型号的坦克,其各自特点为:

P－2,备有20毫米主炮并有比P－1更厚实的装甲;

P－3,专门用于打击敌人的坦克,装备有一门37毫米的火炮;

P－4,是一种多用途的坦克,它不仅装备有一门75毫米的火炮,而且其最大行程可达到200公里,可用于打击敌人的纵深目标。

但是限于当时德国的资金和技术条件,只能将就使用现有型号的坦克。德国这些早期的坦克虽然从表面看来有着各种各样的不足,但是它们都装备有一流的发动机、传送设备履带,这样一来,德国的战车即便是在恶劣的战场环境下也可以正常应战,另外,设计师们也完全可以在此基础上不断地对其性能加以改造,以发展更为先进的、更为强大的改进型坦克。比如,设计师可以确保在坦克机械设备的最高承受强度之下配备更厚的装甲、口径更大的火炮。与此同时,法国等国的研制技术却走上了另一条路。法国在30年代晚期研制的坦克虽然号称四倍于德国坦克的装甲厚度,但是德国坦克的炮塔却可以自由旋转,这远非法国的固定式75毫米火炮可比。而法国的军事专家过于追求研制火力更猛、重量更大的坦克,而不是古德里安多次提到的坦克协同作战的能力,这种错误到了1940年的时候就产生了恶果。

到了1935年10月,古德里安即改变了他从前的参谋角色,开始负责指挥新成立的3个师中的一支,由此,古德里安踏上了他的"闪击"之路。

古德里安虽称不上西方机械化战争论的创始人,不过其关于装甲兵应用在陆军中居于主要地位的某些观点,的确从一定意义上反映了坦克等新式武器出现后建军和作战的客观要求,但他过分夸大装甲兵的作用也是不足取的。

☆ 闪击战的理论

在对德国发动的对波兰的袭击进行评论时,丘吉尔曾经这样指出:

> 我们已经看见了现代闪电战的一个完整的标本;看见了陆军与空军在战场上的密切配合;看见了对于一切交通线及任何可以成为目标的城镇所进行的猛烈轰炸;看见了活跃的第五纵队的身手;看见了间谍和伞兵队的任意使用。最重要的是,看见了大批装甲部队势不可挡地向前冲锋陷阵。

丘吉尔这里提到的"闪电战"也就是后世人常说的"闪击战","闪击战"思想的产生与发展,可谓源远流长。中国早在2,000多年以前,《孙子兵法》就明确指

▲ 被称作德国"装甲兵之父"的古德里安。

▲ 1935年，在柏林勃兰登堡门前的广场上，等待检阅的德军装甲部队。

THE ATTACK ON POLAND 闪击波兰

二战经典战役全记录

出,"兵之情主速,乘人之不及,由不虞之道,攻其所不戒也。"近代著名军事理论家克劳塞维茨在其著作《战争论》中写道,达成出敌不意的效果"是军事艺术中最重要的手段"。然而,真正具有现代意义的"闪击战"理论却是在本世纪初,由德国军事家冯·施利芬提出的。

"闪击战"的德文是由"闪电"和"战争"两个词组合而成,形容行动犹如闪电一样迅速,给敌以措手不及的迅猛打击。其实质是利用攻击的突然性、兵力兵器优势等因素,从战争刚开始时就给敌战略第一梯队(掩护部队)以决定性杀伤,然后向敌军腹地迅猛进攻。在敌人动员和使用其军事和经济潜力之前,将其粉碎。

在德国,第一次世界大战给"闪击战"理论提供了实践的舞台。德军总参谋长小毛奇曾经在其制定的战争计划中,根据"闪击战"理论,设想战争第一阶段集中力量于西线,以一个战役,约持续6个星期,打败法国。但是,这个作战计划存在明显的不足,这就是机枪和速射火炮对进攻中暴露的步兵和骑兵的巨大威胁,这使得大规模的突袭或者是步兵冲锋成为不可能。于是在接下来的战争中,往往是双方挖掘战壕,构成了连绵不断的,以自动武器掩护的掩体和交通体系,加上绵密的铁丝网和强大的炮兵火力,形成了进攻部队难以逾越的坚固阵地,从而使企图以"闪击战"速决的想法成为泡影,并使延续达4年之久的阵地战成了这次大战的主要作战形式。

在第一次世界大战后,军事技术和武器有了很大的发展,飞机、坦克和汽车被广泛地用于战争,从而为战争的速战速决提供了实际的可能性,这其中坦克应用的推广最为重要。

一战后,英、法、德等国一批年轻的军官正确地分析了军事技术的发展,系统地总结了过去战争的经验,突破了将坦克主要用于协同步兵作战这一思想樊篱的束缚,大胆提出并认真研究了以坦克、装甲车组成强大的突击集群,迅猛打击敌军事力量,突击敌纵深,以取得决定性战果的思想,使"闪击战"理论的实现有了坚实的基础，重现其夺目的光彩。

坦克之所以成为"闪击战"这支交响曲中的"主旋律"，主要是由于坦克具有的"三位一体"特性，即强大的火力、快速的机动性和良好的装甲防护力决定的。其重要作用充分体现在取得"闪击战"成功所不可缺少的两个因素，即打击力和速度上。

在德国，"闪击战"理论的发展与希特勒也是有密切关系的。早在1926年，希特勒就曾放言："摩托化"将会在未来的战争中起决定作用。到了1932年，希特勒又发展了自己的观点，他提出："下次战争将完全不同于上次战争，步兵攻击和密集编队将过时，持续多年的固定战线进行的呆板的正面攻击将不会再现。"1935年，希特勒首次明确提出要进行闪击战的战略思想，"如果我打算袭击敌人的话，那么，我不会首先进行几个月的谈判和长期准备，我要像我平生所为，突然地，像漆黑的夜里的闪电一样地去打击敌人。"

到了1937年，古德里安发表了《装甲兵及其与其他兵种的协同》和《注意！坦克！》等著作。在这两本书里，他集中论述了他对装甲兵建设与运用的观点，古德里安的主要观点是，装甲兵应在陆军中居于首要地位，而其他的兵种则处于辅助地位。但是装甲兵的使用必须与陆军和空军协同作战，同时对敌进行大量、集中、突然地使用装甲部队，对敌实施闪电式的进攻，进行大纵深、高速度的进攻才能充分发挥其战斗的效能。古德里安的观点得到了希特勒的赏识。

从以上希特勒的讲话和古德里安的论述中可以看出，日后被人们称为"闪击战"的战争思想已经基本形成了。到了30年代中期，在纳粹德国拟定的一系列扩张计划和作战指令中，也体现了"闪击战"的战略。特别是在拟定的进攻捷克斯洛伐克的"绿色方案"中，要求"发动闪电式的进攻"，要充分利用突然袭击这一有助于成功的最重要的因素，以"尽快装备大批机械化部队，以确保大胆地突入捷克境内"，"用机械化程度尽可能高、武器装备尽可能好的部队突入捷克斯洛伐克的心脏"。方案规定，"三军的全部力量必须用于进攻捷克斯洛伐克。在西线，将只配置

THE ATTACK ON
POLAND 二战经典战役全记录
闪击波兰

▲ 德军第3装甲师的士兵在柏林附近的树林里接受战术训练。

最低限度的兵力作为必不可少的后卫;在东线与波兰和立陶宛相接的边境,将只取守势;南部边境要保持严密监视。"而"空军最重要的任务是,尽快摧毁捷克的空中攻击力量及其后勤基地","通过对捷克的通讯系统、动员中心和政府的攻击,瓦解其军事动员,造成其民政事务管理混乱,使其武装部队失去指挥。并使其陆军的部署贻误。"

而在灭亡波兰的"白色方案"中,也是要求其军队要集中其主力于东线,"其余的国境线只须加以监视"。要求其军队要"进行突然袭击","以突然而猛烈的打击开始军事行动并且取得迅速成功。"为了达到这个目的,要求将"部队的伪装集结恰好安排在进攻日期的前夕",海军所采取的多项措施则要"尽可能隐蔽",另一方面协同作战的空军得到的任务则是"阻碍波兰动员的进行,防止波兰军队实施有计划的战略集结","直接支援陆军,特别是支援超过边界后立即发起攻击的先头部队。"

从以上两个德国军队拟定的战略方案，以及德国在以后的战争中的表现，可以将纳粹德国在其战争初期采取的"闪击战"的基本内容做以下的总结：

在进行闪击战时，作战主力要隐蔽集中和展开于主要突击方向上；

进行闪击战的时候必须要不宣而战，其强大集中的装甲军团，在强大的航空兵力的支持下，突然迅速地突破敌方的防御，攻击并歼灭敌方的军团，并且要迅速地向敌纵深快速推进；

在装甲部队进攻的同时，空军则对敌方的机场、交通枢纽、防御工事、军队集结地域、重要的政治中心进行猛烈的空袭，以击垮敌人的指挥、运输和作战能力，给敌人以强大的心理震撼。闪击战的核心是优化组合兵力武器、尤其是装甲兵和航空兵的巨大优势，以及其行动的突然性和快速性。

经过以上的介绍我们可以知道，闪击战的本质是要主动出击，先发制人，速战速决。这种战术带有明显的侵略性，是当时德国纳粹用于侵略扩张、称霸世界的最适用的战略思想和战略手段。它的诞生，也是解决当时纳粹德国庞大的扩张野心与其极为有限的战争潜力之矛盾的一种合乎逻辑的最佳选择，而且其作战样式是由阵地战和小规模机动作战向高速度、大纵深作战过程过渡的反映，这与当时法国采取的坐守待敌的消极防御战略思想恰恰构成鲜明的对比。

在经过德波战争之后，古德里安这样评价他的部队的表现：

>波兰战役对我的装甲部队而言还是第一次火的洗礼。我觉得他们已经充分表现出来了他们的价值，并且证明对于他们的建立工作是没有白花的。

显然，古德里安对于自己部队的作战还是很满意的，他和他的部队将在接下来的战争中继续进行他们的闪击。

第 9 章

CHAPTER NINE

德波战后

"没有任何条约或者协定能够有把握地保证苏联永远保持中立。目前,一切情况都不利于苏联放弃中立。但过了八个月、一年、乃至于几年,这种局面就可能会改变。近年来,各方面的情形都说明条约的不足凭信。防御苏联进攻的最好办法,就是及时地显示德国的力量。"

☆ 波兰失败的原因

德波战争，德国的军队以其80万大军进攻波兰的100万大军，结果，一个拥有3,400万人口，近百万大军的国家在一个月的时间内就被打败了，而且就德国而言，竟然赢得如此轻松。

在整个德波战争中，波兰军队共死亡6万人，伤13.3万人，同时有69.4万人被俘，而德国军队方面，仅有1.1万人死亡，伤3万余人，另外还有3,400人失踪。这一系列数字不能不说是一个奇迹，听上去确实有点儿难以理解，而实际上，在德波战争尚未打响前，这一场战争的结局，即由其领导者导演出来了。

波兰的败亡，首先是因为其失误的结盟政策。在第一次世界大战后，根据战后签订的凡尔赛条约，原来属于德国的一部分土地被划给了波兰，于是波兰在这片土地上建立了自己的"波兰走廊"，并且成为了波兰的出海口。这一项决定，不但分割了德国的领土而且更重要的是，这一作法把自古以来属于德国的汉萨同盟的港口但泽从德国那里分割出去，这使德国人怨恨不已。在当时的德国人看来，波兰人的行为是不可容忍的，波兰必须为此付出代价。

而奇怪的是，波兰人并不为此而担忧，他们对于纳粹德国一直没有什么戒心，而且自从纳粹政权在德国当政后，波兰外长贝克即对法西斯抱有同情。德国进军莱茵，摧毁独立的奥地利和捷克的时候，贝克和波兰的统治集团一直作壁上观，以为与自己没有什么关系，甚至还参加了对捷克斯洛伐克的入侵。

在捷克被吞并之后，德国很快就将波兰作为自己的下一个目标，而波兰政府对此并不自觉，依然奉行片面的结盟政策，不断地与英法进行联系，满足于英法的一纸保证。而对于自己的另一强邻苏联，却采取愚不可及又顽固不化的态度，从而使

THE ATTACK ON POLAND 闪击波兰

二战经典战役全记录

得当时的三国谈判陷入绝境。于是,苏联同德国签订了《苏德互不侵犯条约》,这个条约的签订,大大孤立了波兰,而战争就这样不可避免了。波兰在此又失去了一个本来的朋友,而树立了一个新的敌人,波兰因同时仇视自己的两个强邻,而使自己陷入了可悲的战略孤立,从而给自己的国家种下了杀身的祸根。

而另一方面与这种麻痹大意相并行的,是波兰政府对于其自身的战备问题的态度。在德波战前,波兰拥有3,400万人口,这里面蕴藏着巨大的军事潜力,如果波兰能够在战前对其国内的人民力量加以充分的动员和合适的调配,并加以一定的组织,那么德波战争的进程可能就不会是现在这个样子了。但是由于波兰政府的领导人一直对当时用和平的方式来解决德国和波兰之间的问题抱有不切实际的幻想,所以导致其在战前总动员的问题上犯下了严重的错误。

正当德国的军队从1939年的6月即开始进行战略进攻部署的时候,波兰政府却担心会由于自己进行战备引起国际争端,从而将发动战争的责任引到自己身上,所以他们迟迟也没有动手。就这样,8月25日,德国的部队已经完成了全部用来进攻波兰的部署,波兰却是到了当年的8月23日才开始进行秘密的动员,到了8月26日才下令进行局部动员,而且由于英法的压力,波兰政府将其原定的进行总动员的时间推迟了24个小时,到了8月31日零时,他们才宣布进行这一措施。由于这一战略上的失误,波兰政府直到战争爆发前仍然未能完成其动员。此后,拥有强大制空权的德国空军不断地对波兰的城市和交通进行狂轰滥炸,特别是对波兰道路交通的毁坏,使得波兰集结起来的的人员根本没有办法得到合适的运输,这样波兰的动员实际上已经无法完成,这使得本来就在各个方面处于劣势的波兰政府的处境更加险恶。

在战争刚刚打响的时候,波兰在战略态势上也处于不利的境地。波兰虽说在人数上占有绝对的优势,但是德国军队的坦克飞机不仅质量优良,而且在数量上大大超过波兰军队。双方坦克数量的对比为3.5∶1,而飞机数量的对比约为5∶1。

在战争人员的数量上,德国当时投入波兰战场的兵力有54个师,其中有15个

▲ 希特勒亲临波兰督战，这是他在华沙郊外通过炮兵潜望镜观察华沙城。

装甲和摩托化师、37个步兵师、1个山地师、一个骑兵师；而他们的对手波兰却只有49个师，其中有1个装甲摩托化旅、37个步兵师、11个骑兵师。德国军队配备有3,600辆装甲车、1929架飞机，而波兰只有750辆装甲车、900架飞机。另一方面，德国军队在训练水平上也普遍高于波兰军队，在武器装备上也大大优于波兰，而且德国军队在行进中对"闪击"思想的运用，使得当时德国为数有限的装甲机械化部队如虎添翼，德国的军事家找到了合理使用现代化兵器的方法，从而使兵力、兵器达到了比较完美的组合，可以使德国比较充分地发挥兵力、兵器的战斗作用。从地理条件上讲，波兰为平原地区，适合于装甲摩托化部队作战，这一点特别在波兰的雨季之前尤为明显；而波兰就其整个地理环境而言，处于德国的三面包围之中，这就更使得波兰无法对付德国的大规模入侵了。

波兰战败，另一个主要原因，也可以说是最关键的原因，是因为其军事观念的

▲ 希特勒非常注重武器装备的生产,这是他在参观军备展览。

落后。波兰军方有很多领导人顽固坚持第一次世界大战时期的陈旧军事思想,对自己的军事力量过分自信,又不懂得"欲有所得必有所失"的军事方法。这主要是因为波兰的领导人不是将自己的政策方针建立在自己力量的基点上,而是将打赢这场战争的希望主要寄托在英法身上,希望英法能够在西线发动攻势,并以此作为自己制定作战计划和部署兵力的主要依据。显然,波兰是将自己国家的命运押在了英法盟军的军事援助上。

而在战争部署上,波兰当局不愿意放弃所谓的上西里西亚工业区、波兰西部的大部分的兵工厂和罗兹纺织工业区,因而采取了"掩护一切"、"寸土不让"的错误作法,因而在大战的部署上,波兰军队的防御正面竟长达1,800公里,其70%的兵力完全处于德国军队突击集团的合围之中。

在战争刚刚打响后,波兰就急切地呼吁英法履行他们的承诺,尽快在西线采取军事行动,英法虽然口头应允,实际上却一直按兵不动。只注重进攻、不注重防御的波兰军队,则将其部队全部集结在前方,其边境防御为德国军队突破后,再也无法组织起有效的防御。因为从前方败下阵来的波兰部队缺乏机动能力,往往在他们尚未退至后方阵地之前,这些阵地早已为德国军队的机械化部队所占领。于是,过分依赖英法援助的波兰在得不到英法援助的情况下,在1个月多一点的时间里便惨遭败亡。

但如果追溯起来,波兰的经济实力落后是更深层次的原因。

战前的波兰是一个落后的农业国,农业产品占60%以上,工业生产的产值只占营业生产总值的32%,而在两次世界大战之间,经济发展速度缓慢,到了1938年,工业总产值仅及1913年的98%,若按人口平均计算,工业产量仅为英、法、德、意的五分之一;而农业几乎没有什么发展,以波兰的主要粮食作物为例,1938年产量仅略微超过1909年到1913年的生产水平;交通业也很落后,每万人平均拥有铁路里程仅为5.25公里,而其对手德国却有11.6公里。

面对当时的战争威胁,波兰政府也采取了一些应对措施,特别是制定了1936~

THE ATTACK ON
POLAND 二战经典战役全记录
闪击波兰

1942年的武装力量现代化和发展的6年规划,这个计划规定扩大生产和掌握某几种型号武器的生产,并建立起武器弹药和作战物资的储备,而迫于当时国力,特别是经济实力的落后,这项计划的执行并没有达到它的预期效果。所以波兰虽说有将近25万受过训练的人员可以动员,但是因为缺乏必要的军事装备,在战争来临之时,他们却不能发挥应有的作用。

波兰这次战败,用历史事实再次告诉我们,落后就要挨打。当一个国家一旦面临战争威胁时,它就必须丢掉不切实际的幻想,动员国内一切可以动员的力量,根据敌我双方的实际情况制定出切实可靠的反侵略计划,并尽量争取国际力量的支持,以尽可能广泛地建立反侵略的统一战线。这样做的结果虽然不会阻止战争的爆发,却可以使自己处于比较主动的地位,为战争创造有利的条件。

一个国家要想独立于世界民族之林,就必须建立完善的国防系统,建立一支有足够力量的军队支持自己。在这之前应该把发展经济作为一件很重要的事情来对待,以期在发展经济的基础上,增强自己的综合国力,只有这样,才能为可能发生的反侵略战争打下坚实的基础。

☆ 血雨腥风

在德波战争中,德国人和苏联人对波兰人沿袭已久的仇恨得到了淋漓尽致地发泄。按照《苏德互不侵犯条约》的规定:"双方在各自领土内不得容许波兰人从事影响对方领土的活动。双方在各自领土内镇压任何类似活动,应通知对方采取合理措施解决之。"不久,他们即发现这一条款是非常有用的。

在参加对波兰战役的德国纳粹军队中,有一个特殊的建制,每个军团设有特别行动队,每个军团还有一个100名军官组成的特遣队。这些人均身穿武装党卫军制服，袖子上佩带着党卫队保安处的SD标志，这些特遣队都直接隶属于将军，他们的主要任务是与占领区的任何反对第三帝国或反对日耳曼的人战斗。换句话说，这个特遣队即是纳粹分子用来镇压敌对分子并推行其民族主义的武器。在种族问题上，希特勒曾给党卫军头子希姆莱的惟一命令是，全面地巩固德国种族的地位。

而按照海德里希的说法，特遣队的根本使命就是："要把波兰的上层阶级转移到尽可能安全的地方，其余的中下层阶级不能受到专门教育，但要以某种方式使他们慑服。"说得更明确一些，就是对上了黑名单的波兰重要人物追查到底，不等他们有所反抗或者有集结的可能即进行肃清。

那么怎样灭亡一个民族呢？方法是消灭它的领导阶层，并将它的青年"过筛"。具体做法分为两种：把"优等种族"的儿童掳到德国来，使他们德国化，对筛落下来的，则有计划地使之变成愚民。"对东方的非德意志人居民"，希姆莱写道，"不得开办程度高于四年级以上的国民小学。这些小学的宗旨仅仅是教会他们500以下的简单计数，书写自己的名字，教育他们对德意志人服从，老实、勤劳、有礼貌，这是上帝的戒令。我认为没有什么必要让他们去阅读。"

与隶属于军队的党卫军特遣队平行的，还有一个机构独立的"特别任务"特遣队，它由傲慢而残忍的党卫军尤多·冯·沃伊施将军指挥，他们在波兰为所欲为。大部分早期的对波兰人和犹太人的暴行都是沃伊施干的。他们制造恐怖气氛，借以达到阻止波兰人进行暴力行动的目的。于是，在侵略波兰的同时，纳粹法西斯即将开始它在波兰的大屠杀。

这是一个并行的过程，有战争的地方就有屠杀，有占领的地方即有血腥。

1939年9月4日，负责执行占领方针的德军军需总督爱德华·瓦格纳上校在一封信件中提到：

"到处展开了野蛮的游击战，我们正在无情地镇压。无须与我们评理。我们派出了紧急法庭，他们正在严肃地开会。我们打击得越厉害，就能越迅速恢复和平。"

THE ATTACK ON
POLAND 二战经典战役全记录
闪击波兰

就在一周之后,这位上校接着写道:"现在我们正在发布我今天亲自草拟的残忍的命令。什么也比不上死刑!在占领的领土别无他路。"

直到1939年10月,才在波兰大规模地"肃清""潜在的持异议者"。这是由于军队的要求才拖延的,尽管海德里希迫不及待地要进行这项工作。显然,希特勒对当时采用军事法庭审判的办法来解决波兰游击队员的繁琐而缓慢的法律程序极为不满,按他的想法,对于这些反抗者,应当立即枪决。波兰战役中,海德里希是否与希特勒商议过,在什么时候商议的,没有残存的记录。但是,德国陆军关于希特勒指令的记录是很多的,这些记录提供了一幅光怪陆离、令人望而生厌的图画。简言之,希特勒的许多将军从他那里得知,他的确打算想方设法消灭波兰的知识分子,于是他们或者公开支持,或者彼此约定对此缄默不语。

1939年9月7日,希特勒在他的元首专列上接见了他的陆军总司令布劳希奇元帅,他们围绕波兰的政治前景问题交谈了两个多小时,具体谈话的内容现在已经无从得知,但是其主要内容就是,希特勒希望军方放弃对党卫军行动的干涉,而把这些事情交给党卫军自己处理。

9月8日,也就是希特勒同布劳希奇谈话的第二天,希特勒颁发了一套方案,其中的重点是指派党的官员担任政府委员,他们的任务与陆军在波兰的军政府的任务一样,虽未在文件中明言,但其从事的任务即是镇压和屠杀波兰人。

爱德华·瓦格纳在9日与弗朗兹·哈尔德将军谈话之后,在其日记中写道:

灭绝波兰民族是元首和戈林的旨意。
至于比这更多的情况,即使用文字暗示也不行。

同一天,希特勒大本营的一个成员——冯·伏尔曼上校写道:

波兰的战争结束了……元首不断地讨论关于波兰前途的计划——很

▲ 在一所纳粹集中营里,许多波兰人排队等着领午餐。

▲ 希姆莱(左二)在一所尚未竣工的集中营视察。

THE ATTACK ON

POLAND 二战经典战役全记录
闪击波兰

▲ 希姆莱（左二）正在参观集中营。

有趣，但殊不宜记录下来。

哈尔德参谋部的又一位上校几天之后也做出了类似的举动：

发生了许多事情，而且面临的种种问题大大值得研究，最重要的是关于波兰命运的计划……这些建议是最机密的，对此连一个字也不能写。

只有西普鲁士新任军事总督瓦尔特·海茨将军9月10日在追记他和布劳希奇商谈情况的时候，才使罩在这机密上的面纱揭开一角：

还有一件事，我要用武力统治这个地区。但是战斗部队太讲究那种有害的中世纪的骑士气概。

对于在波兰进行的"人种学上的灭绝"计划，希特勒在1942年1月30日作了这样的注释："我们在第一次履行真正的古代犹太人法律：以眼还眼，以牙还牙。"

而严格执行希特勒这一命令的任务落在了纳粹德国军队中令人谈虎色变的一个组织——党卫军的身上。

海因里希·希姆莱，这个党卫军的头子，一直想方设法采取措施妥为保管一份秘密文件，任何与此无关的人都无权阅读它。因为在这份长达6页的文件中，记下的是党卫队头子最讳莫如深的白日梦，记下的是使千百万人横遭劫难的狂热臆想，这就是希姆莱在1940年5月以《处理东方异族人的几点想法》为题，写给希特勒过目的一份文件。在这份文件中，希姆莱用他特有的率直而呆板的语言，提出了消灭东方各国人民，以利于德意志主宰民族的主张。

备忘录的这位作者提出，德国东方政策的最后目的必须是把原来拥有多民族（其中包括波兰人、乌克兰人、白俄罗斯人、犹太人、戈拉人、莱姆克人和卡舒布人）的波兰"分解为尽可能多的部分和碎片"，继而"从这么一锅烂糊中选出种族上有用的人"，其余的部分逐渐加以淘汰。

希姆莱写道："总督辖区内的居民经过下一个十年期间彻底推行这些措施之后，留下来的将是一种劣等居民，他们将作为没有自己领袖的、专供驱使的苦力，充当德国每年的季节性农业短工和作为特别劳动力的工人。"应该一步一步地压缩东方各民族，必须采用"大量外移非洲或殖民地的办法来彻底消灭"犹太人，关于"在我国的国土上不再使用乌克兰人、戈拉人和莱姆克人等民族观念……相应地在较大范围内也适用于波兰人。"

对于纳粹德国的征服欲来说，没有再比这份文件表达得更露骨的了。这是昔日德意志东进政策变本加厉的继续，达到了令人难以想象的地步。但远不仅此，希姆莱这份文件的字里行间还含有更多的内容。备忘录表达了党卫队急于一手把持德国东方政策的欲望，反映了党卫队种族和移民局地区总队长英托·霍夫曼直截了当概括的那种傲慢要求："东方属于党卫队所有。"这个狂妄的纳粹分子还宣称："德意志民族过去是农民，今天必须恢复它的这一根本素质。东方应该为加强德意志人的这种农民素质做出贡献。它应该成为德意志血统青春常在和从而不断发展的源泉。"

海德里希的追随者按事先准备好的名单，把波兰教师、医生、公务人员、教士、地主和商人驱赶在一起，被捕者被送进接收营。事实证明，这些接收营中有不少是灭绝工厂。布龙贝格附近米尔塔尔的托尔恩油脂厂、施图特霍夫的京尔道接收营、波森省第七要塞都已成为数以千计的波兰人的恐怖和死亡信号。在纳粹看来，任何一个波兰民族主义者都属于"过激分子"。一次又一次的打击使波兰的民族精英受到沉重损失。库尔姆——佩普林主教区的690名教士中，被捕者达2/3，214名被处死，其中包括佩普林大教堂的几乎所有教士会成员。勒德尔向柏林报告说："一大批天主教教士，由于持有众所周知的波兰激进立场而被消灭。"一位历史学家统计，在德国人统治的最初几个月中，杀害的人数为几万人。海德里希在1939年9月27日宣称："被占领地区内留下来的波兰领导人物至多还有3%。"

另一方面，另一股力量也被组织起来，加入了屠杀波兰人的行列，这就是当地的德意志族人。他们被希姆莱等人派来的军官改组成德意志族人党卫队，接管了波兰德占区内德意志族人自卫团体的领导权。自卫团体执行辅助警察的任务，在西普鲁士（后来在卢布林地区也是如此）追捕波兰人，滥加杀害。

党卫军的这种屠杀行为即使是德国军队内部的军人也看不上眼。有一次，德国军官卡纳里斯登上伊尔瑙的领袖专列，向最高统帅部长官凯特尔汇报。卡纳里斯警告说："对这样的做法，终有一天，世界舆论也会向武装部队追究发生在它眼皮底下的这些事情的责任。"霍亨萨尔察县一个德意志族人地主的妻子、党员莉莉·容克布卢特给赫尔曼·戈林写信提出抗议。她诉说道："成千上万的无辜者被枪杀。"连关心纪律胜过关心人道的海德里希也埋怨自卫团体干出了自卫行动中"部分难以想象和过火的复仇行动"。1940年2月2日，南部边区总司令乌莱克斯将军写道："最近一段时间内，警方人员暴行层出不穷，缺乏人性和道德感，实在令人费解。以致可以称之为与禽兽无异……摆脱这种不光彩的、玷污整个德国人民声誉的状况的惟一办法，我认为是……立即调走和解散所有警察部队包括其全体高级领袖。"

不幸的是，尽管有这种反对意见，令波兰人恐怖的"轧路机"，还照样在人们的眼前隆隆滚动。它压出的可怕轮辙，使人想起纳粹在德国上台后举国恐怖的日日夜夜。特遣队的猎手们四处活动，掳人杀人，实现希特勒所讲的话："凡是经我们现已确定属于波兰领袖阶层的人，必须予以消灭。以后再发现的话，由我们注意看管，过一定时间后再加以清除。"

在德波战争结束后的6年里，波兰人民遭受了极大的痛苦，如果说对波兰的战争给德国的军队带来的是胜利的欢笑，那么这场战争对波兰人来说，则意味着人间地狱生活的开始。

☆ 和平攻势

结束在华沙的演讲后，希特勒，这个侵略者的头领，却突然有了乞求和平的举动。

希特勒刚刚从前线返回，就开始了下一步的行动计划。他命令武装部队为实施"黄色方案"——攻打法国和低地国家做好准备，这一事实丝毫不损害他的和平攻势的真实性。无论他的最后决定是什么，都没有耽搁时间。

9月26日，当德国军队在华沙发动猛烈攻击的时候，另一场大规模的和平攻

THE ATTACK ON
POLAND 二战经典战役全记录
闪击波兰

▲ 希特勒一方面对波兰发动侵略战争，一方面在各种公开场合大谈和平。

势也在同时进行。就在这一天,希特勒会见了达勒鲁斯,在这次会谈中,希特勒提出了与英国和解的一些建议,希特勒对他说:"假使英国人果真希望和平,他们能在两星期内得到而又不会丧失面子。"接着,他提出了和平的先决条件,那就是承认德国对波兰的占领,如果英国答应,那么,希特勒将承诺保证欧洲其他地区的现状,这包括保证英国、法国、芬兰、比利时和卢森堡。最后,希特勒告诉达勒鲁斯,英国可以获得和平,但是如果他们想要的话,就必须要赶快。

而与希特勒同步的是德国的宣传机器,同一天,德国的各大报纸各大电台均大肆宣扬德国人想要和平。

"为什么英国法国现在要打仗?没有理由要打仗。德国对西方并无野心。"

在完成了9月28日对波兰的瓜分之后,德国官方立即宣布:

"在最终解决了由于波兰国家瓦解而产生的各种问题,为东欧的持久和平奠定了坚实的基础之后,我们确信,德国与英、法两国之间终止战争状态将有助于增进世界各国人民的真正利益。两国政府将为此目的共同努力。

"但是,如果两国政府的努力竟然归于无,这就说明英、法两国应对战争的继续负责。"

希特勒的这种宣传就像是在打倒了一个对手之后向所有人祈求和平,并宣布自己的清白,而不管谁敢向他发起挑战,则都是对方的责任。这位元首在国会的开幕式的演讲中,对其所追求的和平作了小小的注脚:

德国对于法国不再有进一步的要求,我甚至已经不愿再提阿尔萨斯-洛林问题,我一直向法国表示愿意有光荣历史的国家互相接近。

"我也作了同样多的努力来争取英德之间的谅解以至友谊。我从来没有在任何地点作过任何违反英国利益的事情……我今天仍然相信,只有德国同英国达成谅解,欧洲和世界才可能有真正的和平。"

同一天出版的《人民观察家报》对德国的和平保证,作了高度的概括:

"德国希望和平——德国对英法没有战争意图——除殖民地以外,德国再无

▲ 希特勒在检阅部队，他要求德国军队做好对西线发动战争的准备。

THE ATTACK ON POLAND
二战经典战役全记录
闪击波兰

其他违反凡尔赛和约的要求——裁减军备——同欧洲所有国家合作——建议举行谈判！"

而在这和平的下面，希特勒也正在积极地准备下一次战争。这两者其实并不冲突，只要你不要把前者太当真。

就在9月27日，希特勒召集各军种的司令和参谋长召开会议。在这次会议中，希特勒的决定让各路指挥官和军官都大吃了一惊。他们为之不安的是，希特勒坚决主张，由于德国在武器装备和士兵方面的优势是暂时的，因此必须在1939年年底以前进攻法国，而且跟1914年一样，必须通过比利时境内，至少通过荷兰南端。希特勒解释说，他不相信比利时的忠实的中立立场，因为比利时单单沿着德比边界修筑工事，而且有迹象表明，比利时会允许大量聚集在其西部边境的法、英部队迅速入侵——说不定一项秘密的、会导致这种结局的军事协定在比利时和西方国家之间已经存在。这样，鲁尔这个德国军事工业中心就要消失，战争也就完蛋了。他命令布劳希奇将军确定一个完成德国军事集结的最早日期，因为希特勒知道布劳希奇心里是反对这个新战役的，于是就不愿和他研讨自己的决定以及估计战役的前景。他最后强调"战争是迫使英国投降并击溃法国"，然后他把简短的记录撕成碎片，扔进书房熊熊燃烧的炉火里，就这样结束了会议。

10月9日，希特勒签署了所谓的"第六号作战指令"，在这个指令中，他要求德国军队作好对西线发动战争的准备。

  国防军最高司令 柏林

  国防军统帅部/指挥参谋部/国防处 1939年10月9日

  1939年第172号绝密文件

  只传达到军官

  第六号作战指令

  一、如果在最近能断定英国和在其领导下的法国不愿结束战争，那么我决心不久即采取主动的和进攻性的行动。

二、较长时间的等待，不仅会导致比利时的、也许还有荷兰的中立态度偏向西方列强；而且会使我们敌人的军事力量不断得到增强，使中立国家对德国的最终胜利失去信心；另外，也无助于促使意大利作为军事盟国站到我们一边。

三、因此，为了继续实施军事行动，我命令：

1.在西线的北翼，必须做好通过卢森堡、比利时和荷兰的领土实施进攻作战的准备。此次进攻，规模要尽可能大，并要尽早实施。

2.此次进攻作战的目的是：尽可能多地消灭法国陆军作战部队和站在法军一边作战的盟军；同时尽可能多地占领荷兰、比利时和法国北部的领土，以此作为对英国进行极有成功希望的空中战争和海上战争的基地，作为至关重要的鲁尔地区的广阔的前方保障地带。

3.进攻的时间，取决于装甲部队和摩托化部队的战斗准备以及届时出现的和预报的天气情况。战斗准备工作必须竭尽全力加速进行。

四、空军须防止法国和英国空军攻击我方陆军，并在必要时直接支援我方陆军向前推进。在这方面，至关重要的是，必须阻止英国和法国空军在比利时和荷兰建立基地，防止英军在比利时和荷兰登陆。

五、应竭尽全力进行海上战争，以便能在这次进攻作战中间接或直接地支援陆、空军的作战行动。

六、除做好按计划在西线发动进攻的准备之外，陆军和空军要时刻处于待命状态，并不断提高战备程度，以便能尽可能远地在比利时领土上迅速迎击向比利时开进的英、法军队，以便能占领荷兰西部海岸方向尽可能辽阔的地区。

七、准备工作必须加以伪装，以便给人一种印象：这仅仅是为对付英、法在法国与卢森堡和比利时的边界附近即将进行的兵力集结而采取

▲ 卸任后的张伯伦走出唐宁街 10 号的首相府,意味着这位英国老人政治生涯的结束。

的预防措施。

八、请诸位总司令先生根据此项指令尽快向我报告各自的详细计划,并通过国防军统帅部继续向我报告各项准备工作的状况。

(签字）阿道夫·希特勒

正如在后世的文献中多次记载的那样,希特勒的个性多有反复无常之处,他在国会,在面向世界大谈和平的时候,另一方面可以全力备战。丘吉尔曾经指出,希特勒是"一个一个地"对付他的受害者,而在任何时候,都尽可能地使自己腾出一只手来,以便玩弄花招,随机应变。投机取巧乃是他的天性；这时他如果能与法、英媾和,他就能腾出双手来,对看来最有希望成功的下一个目标采取行动。这样东南欧可能落入他的罗网,那时西欧国家和苏联会袖手旁观,虽然感到不安,但是犹豫不决。接着,在希特勒认为最适宜的时机,是在西欧国家默许之下,也许甚至在它们心照不宣的赞同之下,可能对苏联发动进攻。最后,也许兵不血刃就能使法国和英国与一个横跨西壁和乌拉尔山脉这整个空间的德国巨人谈判,求得一个政治解决办法,这个办法尽管表面温和,但是久而久之,将使英法听任这一庞大的第三帝国摆布。

在英法两国的首脑中,达拉第首先作了答复。9月22日,他在广播中拒绝了希特勒的建议并郑重地宣称,德国企图离间英国与法国的关系,离间法国人彼此之间的关系,这是决不能得逞的；同时他又郑重地赞扬了英国的备战努力。

9月28日,德国政府和苏联政府发表联合声明,宣称已"最终解决了波兰国家解体后所引起的问题",并"从而为东欧的持久和平奠定了坚实的基础"。鉴于这种情况,两国政府共同表示相信,结束德国和两个西欧国家之间的战争状态,将真正地有利于各国人民。

10月3日,张伯伦在英国下院阐明,这一声明显然含有下述两点内容:

"暗示建议媾和,如果该建议遭到拒绝,结果就是几乎不加掩饰地进行威胁。

THE ATTACK ON POLAND 二战经典战役全记录
闪击波兰

"没有任何威胁能迫使我国或法国背弃我们为之进行这场战斗的目标……德国现政府的任何空口保证我们都不能接受……如果……建议提出来,我们一定要根据我刚才讲的话对之进行审查和考验。"

10月4日,达拉第在巴黎国民议会外交委员会说了与前一天张伯伦同样意思的话。

10月6日,希特勒重复了他的和平建议,这次是在柏林的国会大厦。他重申,关于允许两次大战之间的波兰复国一事,他连听也不要听;尽管他在列举德国在东北欧的目标时,提到要建立一个新的"波兰国家,其组成和管理,既要防止它再度变成反德活动的温床,又要防止它再度成为反对德国和俄国的阴谋中心"。

10月12日,张伯伦经过与法国政府及各自治领政府磋商以后,在下院宣布断然拒绝希特勒的建议。张伯伦阐明,希特勒提议"建立他所谓的欧洲安全的稳定因素",实际上就是要别人"承认他的征服",并"承认他对被征服国家为所欲为的权利",张伯伦声称:

> 要英国接受任何这样的建议是办不到的。
>
> 德国总理演说中的建议是含糊的、不明确的,而且也未含有改正对捷克斯洛伐克和波兰的错误做法的迹象……因此,其结果是清楚的。德国政府必须用明确的行动,并对他们打算履行的诺言作出有效的保证,来为他们希望和平的诚意提供令人信服的证据,否则我们一定把自己的责任进行到底。现在要由德国来作出抉择了。

很显然,英国和法国已经对希特勒掌权的政府不抱什么和平的期望了,要么,由德国人民来罢免他,要么,由英法两国来打倒他,因为英法相信,只要希特勒继续执政,战争的威胁就不能停止。

张伯伦的讲话让希特勒十分恼火,那天晚上,希特勒叫来了戈林、米尔契和乌德特，指示他们尽早恢复炸弹生产。"战争要继续下去！"

10月10日上午11时，希特勒召集起他的将领们开会，在这次会上，他首先向他们公布了在不久前刚刚发布的"第六号作战指令"，这的确让他的将领们吃了一惊，但希特勒很快就开始着重谈部队中的厌战情绪。希特勒谈道：

"我只准备谈另一个问题，战斗的必要性。

"德国的战斗目标，是从军事上一劳永逸地迅速解决西方问题，也就是说摧毁西方国家的力量和能力，使之永世不能再反对德国人民在欧洲的国家巩固和进一步的发展。

"没有任何条约或者协定能够有把握地保证苏联永远保持中立。目前，一切情况都不利于苏联放弃中立。但过了八个月，一年、乃至几年，这种局面就可能会改变。近年来，各方面的情形都说明条约的不足凭信。防御苏联进攻的最好办法，就是及时地显示德国的力量。"

在会议的最后，希特勒公布了他打算在西线发动战役的时间表，他强调道：

不能开始得太早。但是只要有可能，无论如何必须在今秋发动。

一扇通向地狱的大门正向希特勒打开，而他正迫使整个世界和他一起卷进去。